食品动物安全生产技术丛书

河蟹健康高效养殖

编著者

索维国　孙文祥

杨培银　王志明　孔令武

U0298231

金盾出版社

内 容 提 要

　　本书是"食品动物安全生产技术丛书"的一个分册,由江苏省高宝邵伯湖渔业管理委员会和扬州大学动物科学与技术学院专家精心编著。内容包括:河蟹健康高效养殖概述,河蟹的生物学特性,河蟹养殖的水质条件和水质调控,河蟹的营养需求与饲料配制,天然蟹苗的捕捞、运输和放养,河蟹的人工育苗技术,河蟹苗种的培育技术,河蟹的池塘养殖,河蟹的网围养殖,河蟹的稻田养殖,河蟹的大水体增殖,河蟹病害的生态防治,河蟹产品的质量认证和可追溯体系建设等。从理论与生产实践相结合的角度,对河蟹健康高效养殖技术进行了全面介绍,文字通俗易懂,内容科学实用,适合全国各地河蟹养殖场(户)技术人员学习使用,亦可供农业院校相关专业师生阅读参考。

图书在版编目(CIP)数据

　　河蟹健康高效养殖/索维国等编著 . -- 北京 ：金盾出版社,
2010.6
　　(食品动物安全生产技术丛书/陈国宏主编)
　　ISBN 978-7-5082-6331-1

　　Ⅰ.①河…　Ⅱ.①索…　Ⅲ.①养蟹—淡水养殖　Ⅳ.
①S966.16

　　中国版本图书馆 CIP 数据核字(2010)第 048512 号

金盾出版社出版、总发行
北京太平路 5 号(地铁万寿路站往南)
邮政编码:100036　电话:68214039　83219215
传真:68276683　网址:www.jdcbs.cn
封面印刷:北京凌奇印刷有限责任公司
正文印刷:北京军迪印刷有限责任公司
装订:兴浩装订厂
各地新华书店经销
开本:850×1168 1/32　印张:7.125　字数:164 千字
2011 年 10 月第 1 版第 2 次印刷
印数:8 001～14 000 册　定价:12.00 元

食品动物安全生产技术丛书编委会

主　任

陈国宏

副主任

王志跃　吴信生

委　员

（按姓氏笔画排列）

王杏龙　毛永江　刘桂琼　李拥军

张　军　龚道清　霍永久　魏文志

序　言

　　随着经济的快速发展和人民生活水平的不断提高,对动物性食品的需求量不断加大。同时,人们对动物性食品质量提出了更高的要求,所需求的动物性食品必须是没有药物残留、健康的食品。但是,人们长期对养殖业可持续发展认识的不足,在动物性食品生产过程中,存在着一些安全隐患,如养殖生态环境恶化,饲料原料生产中大量使用农药、化肥,动物性食品生产和加工过程中过量使用药物、添加剂和防腐剂等,导致动物性食品安全问题频发。由于产品质量下降引发消费健康问题和由动物疫病引发的公共安全事件日益突出,动物性食品安全问题已成为制约我国养殖业发展的主要矛盾。因此,必须大力发展规模生产,积极倡导健康养殖,切实转变养殖业生产方式,构建资源节约、环境友好的新型养殖业,促进养殖业向安全、优质、高效、节耗、环境友好型方向迈进。

　　动物性食品的健康高效生产是个系统工程,必须从动物的品种选育、饲养环境、饲料生产、疫病防治、产品加工及流通进行全程质量控制。在生产动物性食品时,要选择良好的环境条件,防止大气、土壤和水质的污染。在不断提高养殖户的生态意识、环境意识、安全意识的同时,还应对动物性食品健康高效生产技术进行汇总和推广应用。

　　为了达到上述目的,金盾出版社同高等农业院校的相关专家共同策划出版了"食品动物安全生产技术丛书"。"丛书"包括猪、奶牛、肉牛、肉羊、肉鸡、蛋鸡、肉鹅、肉鸭、蛋鸭、肉兔、鱼和河蟹养殖等 12 个分册。该"丛书"紧紧围绕健康高效生产技术展开，从理论与生产实践的结合上，对动物性食品健康高效养殖进行了比较全面的介绍，内容翔实，实用性和科学性强，对指导当前动物性食品健康高效生产将产生极大的推动作用。

陈国宏

2008 年 12 月于扬州市

目　录

第一章　河蟹健康高效养殖概述

　　河蟹学名中华绒螯蟹,又名螃蟹、毛蟹、大闸蟹。其细腻鲜美的肉质具有独特的风味,是深受消费者欢迎的水产品之一。

　　自20世纪80年代初突破了河蟹人工育苗的技术难题以来,我国的河蟹养殖业发展十分迅速,规模逐年扩大,1993年全国河蟹产量为1.75万吨,1998年产量已达12.3万吨,2000年全国河蟹养殖产量为23.2万吨,2002年为28万吨,2004年突破了42万吨大关,形成了我国独具特色的河蟹养殖产业。江苏省是我国河蟹的主要产区,2000年养殖产量已达11.2万吨。2002年的养殖面积为22.9万公顷,生产河蟹16.44万吨,占全国总产量的60%左右。河蟹养殖业的迅速发展为农业增效、农民增收和养殖结构的调整发挥了重要作用,该产业目前已成为我国农村地区农民致富的支柱产业,河蟹也因此成为我国养殖品种中经济效益最为显著的主导品种而受到重点支持,其发展潜力十分巨大。

一、河蟹健康高效养殖的背景

　　食品安全是重大的民生问题。我国传统的水产养殖模式主要以盲目扩张生产规模、提高养殖生物密度、追求最大经济效益为目的,其结果适得其反,养殖效益不但逐年降低,养殖品种病害也越发严重。人们为应付病害大量使用药物,结果造成环境严重污染,耐药菌繁衍,形成恶性循环,致使水产品药残增加、品质下降、质量达不到出口标准,且对人们的食品安全构成了严重威胁。因此,发展健康高效养殖,生产无污染、个体健康、安全、优质的无公害水产品,是保证人类食品安全,同时也是减少水域环境污染、促进水产业持续健康发展的重要途径。

食品安全问题已经引起社会各界的广泛关注,目前已成为继人口、资源与环境之外的全球性第四大危机。正因为如此,水产品的安全性越来越受到关注。为了保障水产品食用安全,许多国家制定了严格的检验检测标准。

我国是世界上最大的水产品出口国。随着国际水产品市场要求越来越严格,我国水产业随时面临着越来越多、越来越严格的新规则挑战。

近年来,我国各级渔业主管部门组织推广科学养殖模式,狠抓出口河蟹质量安全管理,加强与出入境检验检疫等相关部门的沟通协调,下大力气推动河蟹外销。如江苏省2005年全省经报检验检疫部门出口河蟹1234吨,出口额2500万美元。但河蟹养殖形式仍是各自为政,管理混乱。养殖过程中不注意水质变化,不注重生态养殖,对于新的水产健康养殖的概念、水产食品的安全要求,以及水产品的药物残留、有害微生物的超标、无公害水产品认识不清,概念模糊,致使河蟹产品质量达不到出口标准,许多签订的出口协议无法完成。

二、河蟹健康高效养殖的发展现状

(一)产业科技原创力不强

由于持续过度捕捞,河蟹天然资源每况愈下,不同水系间河蟹的盲目引种和苗种的无序流动,造成品质混杂与种质退化严重,蟹苗质量不高。河蟹养殖、加工、饲料和专用药物等的研发力度不同程度地滞后于产业发展,科技投入不足,后发力不强,产业优势难以进一步发挥。

(二)河蟹产品质量有待进一步提高

一方面,伴随着经济的快速发展,工业、生活、农业源污染等对渔业水域的污染有进一步加剧的趋势;另一方面,由于生产者养殖技术及蟹药的研发、生产、销售和使用管理等原因,养殖的河蟹病害多,乱用药、滥用药、违规用药时有发生,河蟹质量安全仍然堪忧。特别是上海、北京等大都市市场准入制度的逐步实施,如果不能为国内外市场提供优质安全的河蟹产品,一个近百亿元的河蟹产业将失去市场竞争优势,更谈不上出口创汇。2001年香港发生的所谓江苏"抗生素毒蟹"风波,致使当年江苏省的河蟹销售在国内外市场严重受损,就是一个很好的例证。

(三)产业组织化程度低

虽然近年来江苏省涌现出了一大批较大的河蟹养殖生产企业,成立了江苏省渔业协会蟹业分会等行业组织,但从总体看,河蟹生产经营方式仍以单打独斗式的个体养殖户居多,生产经营规模小,龙头企业弱,有市场竞争力的品牌、名牌产品少。

三、河蟹健康高效养殖的途径

(一)提倡河蟹的生态育苗

说到健康养殖就不得不说到生态育苗,其实早几年就已经有人开始进行诸如土池育苗、绿水育苗、肥水育苗等。近几年随着蟹苗价格大战的升温,蟹苗质量也越来越受到人们的重视,生态育苗势在必行。其中土池育苗的典型代表为浙江省沿海地区,育苗面积达200公顷,不仅蟹苗价格高,而且成本低,相对利润较好。以往的工厂化人工育苗一般是通过大量换水及大量用药来完成育苗的整个过程,而生态育苗是以微生物和藻类植物为净化基础,通过蟹苗及水体中生物间的动态平衡来完成育苗的全过程。与前者相比,后者育苗成本相对较低、成活率较高且育出的苗体质健壮。目前较常使用的微生物制剂有光合细菌、EM菌、复合菌等,它们除了可分解池底有机物外,本身还具有大量氨基酸、维生素、类胡萝卜素等营养物质,在生长过程中还会释放大量天然抗生素,具有很强的杀灭致病菌的效果,从而减少疾病的发生。常用的藻类植物有小球藻、三角褐指藻、牟氏角毛藻等,它们除可作为蟹苗适口的开口饵料外,还可净化水质,起到生态防病的作用。

(二)研发营养均衡的绿色饲料

健康高效养殖对饲料的研发与生产提出了许多要求,优质高效的饲料对于提高养殖品种质量、降低成本、减少疾病、防止环境污染、提高经济效益等具有决定性作用。营养均衡的优质配合饲料的使用和普及将是水产养殖业技术进步的标志。当前我们应该做好以下几点。

一是系统研究河蟹的营养需求,为其饲料配方设计和筛选提供科学依据。合理的营养设计能满足动物的生长发育需求,并使动物机体长期保持较高的免疫力,对病原反应迅速,可极大地减少病害的发生。近年来国内外学者对河蟹营养学的研究已经取得了一些成果,但由于受到试验条件的限制,所进行的工作仍然比较肤浅,因此如何利用廉价有限的饲料资源,从养殖蟹类的营养需求及生理生化角度出发,研究出适合河蟹生长和发育所必需的全价配合饲料,有待于进一步的研究。

二是利用高新技术研发具有诱食、促生长、抗菌防病功能的饲料添加剂。目前,饲用酶制剂的研究较为广泛。饲用酶制剂是一些包含单一酶或混合酶的工业产品,其基本功能是补充内源性消化酶的不足和消除降解饲料中的抗营养因子。中草药的研究也取得了一定的成果。中草药是一种对环境没有污染的绿色环保药物和饲料添加剂,具有改善饲料适口性、促进食欲、健胃杀菌、驱虫保健、促进生长、改善肉味等优点,且在河蟹体内无蓄积、无耐药性,没有致畸、致癌、致突变等副作用,符合健康高效养殖的要求,因而在河蟹养殖中的应用前景十分广阔。

三是寻找合理的免疫增强剂,提高河蟹自身的抗病能力。免疫增强剂的研究也是近年来的一个新热点,主要是作用于非特异性免疫因子来达到防病、抗病目的。虽然其不在河蟹体内产生免疫记忆,但能够在短时期内显著提高机体的抗病能力。各国学者的研究表明,免疫增强剂在疾病控制方面具有十分重要的意义。在水产无脊椎动物中,可活化血淋巴中的吞噬细胞,提高其吞噬病原的能力;刺激血淋巴中抗菌、溶菌活力的产生;激活酚氧化酶原系统,产生识别信号及介导吞噬等。在鱼类中,可激活白细胞的吞噬作用;刺激淋巴细胞的产生和分泌淋巴因子,协调细胞免疫和体液免疫;诱发抗体的产生及补体的生成等。但免疫增强剂不是对所有疾病都能起到积极的预防效果,因而在使用过程中,应在类型、剂量、方法及使用对象的病理状况等多种因素的综合考虑下,加以有效利用。

四是严格检验控制饲料原料来源,避免饲料成为养殖病害的传播途径。饲料原料必须进行严格检验,尤其是鱼粉及一些农产品,应对其微生物数量、农药残留量等有害物质进行检测,发现超标现象应严格剔除。

(三)使用生物学方法处理水质

如何采取有效措施处理养殖用水和养殖后的废水,控制养殖水体的污染,已成为 21 世纪水产养殖业持续稳定发展的首要问题。传统的水处理方法主要以物理、化学方法为主,由于大量使用抗生素和化学药物对养殖水体进行处理,引发了一系列环境和社会问题。近年来生物学方法已逐渐显露出其优势。

微生物制剂的使用越来越受到人们的重视。微生物制剂是由一些对人类和养殖对象无致病危害并能改良水质状况、抑制水产病害的有益微生物组成,它不仅能改良水质,而且可作为饲料添加剂,具有改善动物体内菌群平衡、提高动物免疫力、促进养殖对象生长等功能。常见的微生物制剂有光合细菌制剂、EM菌制剂及复合微生物制剂。光合细菌作为水质净化剂,在我国、日本、东南亚各国的养虾池和养鱼池均已普遍应用。复合微生物制剂应用于水产养殖上也有很多成功的例子,在养鱼池中添加以芽孢杆菌类为主的混合微生物制剂,利用需氧和厌氧微生物共栖,能迅速降解养殖水体中的有机物,减少有毒因子的产生。如芽孢杆菌具有降解水中亚硝酸盐、抑制致病弧菌生长的作用。

生物修复是指对已被污染的养殖用水中有毒、有害污染物的原位生物处理,从而达到水体的自净,它是利用生物(天然的或接种的)通过工程措施为生物生长和繁殖提供必要的条件,加速污染物的降解和去除。与物理、化学处理技术相比,其投资少、对环境影响小,且能有效降低污染物浓度。随着研究的不断深入,生物修复已由微生物修复拓展到植物修复。植物修复是通过水生植物对营养物质的吸收和转化、植物叶冠的覆盖遮光、根区分泌物质对藻类的杀伤作用等途径,除去水体中过量的氮、磷、悬浮颗粒、重金属元素,控制藻类的快速繁殖,达到治理的目的,是一个更经济、更实用的方法,适用于大面积、低浓度污染的养殖水体。

(四)减少药物的使用,研发绿色渔药

一些用于防治病害的渔药,现证明有高残留、高毒性甚至致癌作用,因此研发新型绿色渔药是提高水产品品质的关键。化学药剂、微生物类衍生物、动植物提取物、维生素类及激素等免疫制剂以其低毒、高效的抑菌能力和无残留等特性显示出良好的应用前

景。如一些中草药(黄芪、大黄、大青叶、大蒜素等)已经运用到水产养殖上,并取得了良好的效果。细菌疫苗的开发增强了养殖动物对疾病的抵抗力,大大降低了病害的发生频率。另外,应有针对性地对各种病原菌进行药敏研究,确定每种病原菌最敏感的药物种类和剂量,这也有助于减少广谱药物的投喂。

(五)采用更为环保高效的养殖模式

利用养殖生物不同的生活习性,因地制宜设计合理的养殖模式,以达到充分利用水域生产潜力、保护水域生态环境和提高水域经济效益的目的。如采用鱼蟹混养、虾蟹混养、稻田养蟹等模式有效利用水体空间,通过各养殖品种间生物习性的互补来促进水质的调节和饲料的利用,不用或少用防病药物,从而达到提高河蟹品质、降低成本和增加效益的目的。改密养为稀养,注意养殖水体水草管理,水草的面积应占到池水面积的 2/5～2/3,比较好的水草品种有伊乐藻、轮叶黑藻、苦草、水葫芦等。

多品种混养技术利用多种养殖动物在食性及生态位的互补优势,采用天然饵料与人工饲料相结合的技术路线,严格控制外源性饲料投入量,不仅保护了养殖区内外的植被资源,更重要的是养殖全程中的氮、磷输入被控制在较低的水平。但也存在着单位面积产量难以提高、适应市场能力较差的问题。针对传统的混养养殖模式存在的缺陷,我国的养殖工作者开始了对新型混养模式的探索。到 20 世纪 90 年代中期,一些新型的高产高效主养模式进入了生产运用阶段。主养模式继承了传统混养模式环保和饲料利用率高的优点,又使主要养殖品种获得了高产,控制了病害的发生,体现了健康养殖的思想。

(六)注重科技创新,提高河蟹生态高效的发展水平

在抓好模式选择、良种推广、环境营造、生态生物防病等重要

环节的前提下,结合现代高效渔业的发展要求和群众的一些新经验,坚持走产、学、研结合之路,创新河蟹生态高效养殖关键技术环节。

一是改造池塘基础设施。池塘老化、淤泥深、水位浅、坡比小的基础设施问题刚性地约束着河蟹生态高效养殖的快速发展。可采取清除淤泥、平整池底、修补坡边、加固池埂等措施,把使用年限较长、水位较浅、淤泥较深、面积过大、形状不规则的池塘改为面积为 6 670~13 340 米^2、坡比为 1:2.5~3、水深为 1.5~2 米、有效面积占 40% 以上的池塘,积极为河蟹营造生态高效养殖所需的适宜生长、生活环境。

二是改革蟹池增氧技术。传统上采用叶轮式、喷水式、水车式增氧设备进行增氧,溶解于水中的氧气少、速度慢,远不能满足蟹池增氧的要求。为此,根据蟹池中水草多、水体流动性相对较差、河蟹有穴居特性并喜静的特点,积极探索并推广微孔管道增氧技术,将原来的一点增氧改为全池增氧,将动态增氧改为静态增氧,将表面增氧改为底层增氧,大幅度提升蟹池的增氧能力,从而提高河蟹产量,产品质量也会随之得到提高。

四是改善投喂技术。在饲料品种上,根据河蟹喜食动物性饲料的特点,将原先的以投喂小麦、玉米为主的饲料,改成以投喂小杂鱼和颗粒饲料为主,适当搭配其他饲料;在饲料处理上,把直接投喂改成用 EM 原露等生物制剂喷洒颗粒饲料或浸泡小杂鱼后投喂;在投喂方法上,把在浅水区、多点投喂改为全池撒投,以适应河蟹的穴居生活习惯;在投喂时间上,把下午投喂改为上、下午各投喂 1 次,并以下午投喂为重点。上述投喂技术的改革,不但可满足河蟹不同生长阶段的营养需求,而且大大提高了饲料利用率,为夺取河蟹高产高效奠定了坚实的基础。

健康高效养殖是我国水产养殖业实现可持续发展的一条必由之路,面对国内外对水产品质量所设置的重重关卡,面对我国养殖发展中所出现的一些环境、病害问题,必须尽快转变观念,以提高水产品质量、减少水域环境污染为重,引进先进的管理方法规范我国的养殖。只有这样,才能使我国生产出来的产品为世界消费者所接受;也只有这样,才能使我国的水产养殖业走向无公害健康养殖的道路。

第二章 河蟹的生物学特性

要搞好河蟹的增养殖生产,必须了解河蟹的构造和生长、生态、生殖习性及对环境条件的要求,从而为其生长创造一个良好的生态环境,提高河蟹养殖的产量和质量。

一、分类与分布

河蟹在分类学上隶属于节肢动物门、甲壳纲、十足目、方蟹科、绒螯蟹属,在我国分布很广,北起辽宁地区,南至福建沿海诸省通海河流中均有分布,尤其是长江中下游两岸湖泊、江河中都有它的踪迹。我国的河蟹按不同的水系可分为辽河、黄河、长江、瓯江和珠江等品系。

绒螯蟹属中最为常见的有4种,分别为中华绒螯蟹、日本绒螯蟹、直额绒螯蟹和狭额绒螯蟹。后2个种不但个体很小、产量也低,无经济价值;前2个种个体大、产量高,具有较高的经济价值。中华绒螯蟹在我国渤海、黄海与东海沿岸诸省均有分布,它有北方和南方2个种群,北方种群以辽河、黄河水系蟹为代表,南方种群以长江、瓯江、珠江水系蟹为代表。日本绒螯蟹主要分布在广东、广西、福建、台湾沿海以及朝鲜西岸、日本沿岸、俄罗斯远东地区,它也有北方和南方2个种群,北方种群以绥芬河水系蟹为代表(当地称俄罗斯大蟹),南方种群以南流江水系蟹为代表,俗称洽浦蟹。

二、形态特征

近年来对经济绒螯蟹的研究有4点新的结论:一是中华绒螯蟹

和日本绒螯蟹很可能是同一物种的不同亚种(地方种);二是无论是北方种群还是南方种群,它们在当地都能长成大规格的优质商品蟹;三是其地域性十分突出,一旦将它们移植到与原来生态条件差异较大的环境下,生长显著减慢;四是它们被移植到异地后,极易与当地河蟹杂交,造成种质混杂,经济价值下降。因此,在生产上必须严禁不同水系的河蟹易地养殖。遗憾的是,我国近10年来的"大养蟹",将不同水系或不同种群河蟹的苗种移植到异地养殖,导致各水系绒螯蟹种质资源混杂,造成重大损失。中华绒螯蟹、日本绒螯蟹以及杂种蟹的形态特征比较见表2-1和图2-1。

表2-1　中华绒螯蟹与日本绒螯蟹、杂种蟹的形态特征比较

形态特征	中华绒螯蟹	日本绒螯蟹	杂种蟹
头胸甲形状	隆起明显	呈平板状,隆起不明显	介于两者之间
额缘额齿	4个额齿尖,额缘额齿缺刻深,特别是左、右2个呈"U"形	4个额齿平,缺刻浅	4个额齿尖,缺刻中等,特别是左、右2个呈浅锅形
额后疣状	具6个疣状凸起,前面1对前凸似小凸起山状,后面中间1对明显	具4个疣状凸起,前面1对稍向前凸,后面中间无疣状凸起	具4~6个疣状凸起,前面1对稍向前凸,中间1对不明显
第四侧齿	小而明显	退化	小,有时仅有痕迹

(一)外部形态特征

河蟹体分为头胸部、腹部及附肢等部分。

1. 头胸部　因进化演变的缘故,河蟹的头部与胸部愈合在一起,是蟹体的主要部分。背面覆盖着一层坚硬的背甲,也叫头胸甲,俗称蟹斗。背甲一般呈墨绿色,但有时也呈赭黄色,这是河蟹

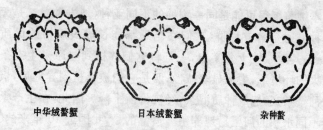

中华绒螯蟹　　　　日本绒螯蟹　　　　杂种螯

图 2-1　中华绒螯蟹、日本绒螯蟹和
杂种蟹头胸甲的形态特征

对生活环境的一种适应性调节,也是一种自我保护。背甲的表面起伏不平,形成许多区,并与内脏位置相一致,分为胃区、肝区、心区和鳃区等。头胸甲表面有 17 处凹陷,为内部肌肉着生之处。头胸部的腹面为腹甲所包被。腹甲通常呈灰白色,周缘生有绒毛。生殖孔开于腹甲上。腹甲前端正中部分为口器。口器由 1 对大颚、2 对小颚和 3 对颚足自里向外层叠而成。

2.腹部　河蟹的腹部俗称蟹脐。共分 7 节,弯向前方,贴在头胸部腹面。腹部的形状,在幼蟹阶段均为狭长,略呈三角形;在成长过程中,雌性渐变成圆形,称圆脐;雄性则仍为狭长三角形,俗称尖脐。圆脐和尖脐是区别雌雄性别最显著的标志(图 2-2)。腹

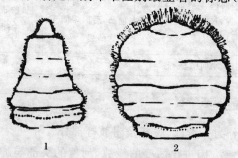

1　　　　　　　　2

图 2-2　雄、雌蟹的腹部
1.雄蟹腹部(尖脐)　2.雌蟹腹部(圆脐)

部四周也生有绒毛。

3. 附肢 头部附肢共 5 对。前 2 对为触角;后 3 对有 1 对为大颚,另 2 对为小颚。胸部附肢有 8 对。前 3 对为颚足,是口器的辅助器官;后 5 对为步足。第一对步足称螯足,雄性较雌性强大,掌节密生绒毛,为取食和防御的工具。后 4 对步足用于步行,其前后缘都长有刚毛,有助于游泳。

(二)内部构造

1. 鳃 它是河蟹的呼吸器官,俗称蟹胰子。共有 6 对,位于头胸部两侧的鳃腔内,鳃腔通过入水孔和出水孔与外界相通。河蟹离开水在陆地时,呼吸作用仍在进行。鳃腔内的水分和进入的空气混在一起喷出时,就会形成许多泡沫,同时因有些泡沫的破裂而发出"咝咝"的声音。

2. 心脏 河蟹的心脏位于头胸部的中央、背甲之下,略呈五边形,外围有一层心腔壁。河蟹的血液无色,由许多吞噬细胞和淋巴组成。

3. 性腺 河蟹为雌雄异体,性腺位于头胸部背甲下面。雌性生殖器官包括卵巢和输卵管两部分,成熟时呈酱紫色或豆沙色,非常发达,可占满背甲下的大部分空间。它是食用河蟹时最可口的部分,人们通常说的"蟹黄"就是卵巢与肝脏的统称。雄蟹生殖器官包括精巢、射精管、输精管和副性腺,即为人们通常所说的"蟹膏",也是河蟹的精华部分。

交配时,雄蟹将自身的腹部插入雌蟹头胸部与腹部之间,同时用第一步足框住雌蟹所有步足,并将第一附肢末端的凸起勾在雌蟹 1 对生殖孔的凸起上,雄蟹阴茎不直接与雌蟹生殖孔接触,它只将精荚送入第一附肢的管道内,再借伸入第一附肢管道内细小的第二附肢像注射器那样将精荚射入雌体生殖孔内,精荚由雌蟹生殖孔再进入受精囊,不久破裂释放出精子,排卵时再与卵子结合。

三、生活习性

（一）栖居方式

河蟹喜欢在水质清新、水草丰盛的淡水湖泊、江河中栖息，其栖息方式有隐居和穴居2种。在有潮水涨落的河川或各类水域的岸滩地带，河蟹往往营穴居生活；在饲料丰富、水位稳定、水质良好、水面开阔的湖泊、草荡中，一般不挖穴，仅隐伏在水草和底泥中过隐居生活。隐居的河蟹新陈代谢较强，生长较快，体色淡，腹部和步足水锈少，素有"清水蟹"之称，其外形特点可概括为"青背、白脐、金爪、黄毛"。而穴居的河蟹新陈代谢较弱，生长较慢，体色较深，腹部和步足水锈多，素有"乌小蟹"之称。

（二）食　性

河蟹为杂食性，其动物性饲料有鱼、虾、螺、蚌、蚯蚓及水生昆虫等，植物性饲料有金鱼藻、菹草、伊乐藻、轮叶黑藻、眼子菜、苦草、浮萍、丝状藻类、水葫芦、水花生、南瓜等，精饲料有豆饼、菜饼、玉米、小麦、稻谷等。但在一般情况下，水草等饲料较易获得，故在自然环境中，其胃内的食物组成常以植物性饲料为主。河蟹的第一对触角上具嗅感觉毛，可辨别食物；捕食时主要靠螯足和第二对步足将食物送到口边。口器自行张开，食物经第三颚足递至大颚，由大颚咬碎，通过短的食管进入胃内。饲料丰盛时，河蟹不仅食量大、贪食，而且消化吸收能力强，1昼夜可连续捕食数只螺类，刚蜕壳的软壳蟹（蜕壳的河蟹体色较黑，螯足绒毛呈粉红色，活动能力较弱，无摄食和防御能力）和肢残个体，也常遭受侵害。河蟹不仅消化吸收能力强，耐饥饿能力也很强，1个月不摄食也不至于饿死。在水温5℃以下时，河蟹的代谢水平很低，摄食强度减弱或不摄食,在穴中蛰伏越冬。

河蟹一般白天隐蔽洞中,夜间出洞觅食。在陆地上,河蟹很少摄食,而往往将食物拖至水下或洞边,再行摄食。

(三)争食和格斗

河蟹贪食,还有争食和格斗的天性。特别是在人工养殖条件下,放养密度大,当饲料不足时,易发生互相争食和格斗。为避免和减少这种现象,防止同类相残,可采取多点、均匀投喂,动物性和植物性饲料合理搭配,保护刚蜕壳的软壳蟹(如增加水草的数量、投喂区与蜕壳区分开)等措施。

(四)自切和再生

捕捉河蟹时,若只抓住其1～2只步足或螯足,它能很快将其脱掉而逃生,以后在原处会有新足再生,新足明显小于原来的步足或螯足,这就是河蟹肢体的自切和再生现象,此乃河蟹为适应自然环境而长期形成的一种保护性本能。折断点有固定部位,主要位于基节与坐节之间处。折断点有特殊构造,既可防止流血,又可从这里再生新肢。新肢与原肢构造、作用相同,但形体较小而细,功能有所降低,成熟后不能再生。河蟹在整个生命过程中均有自切现象,但再生现象只在幼蟹的生长蜕壳阶段存在。完成成熟蜕壳后,河蟹的再生功能消失。

(五)感觉和运动

河蟹有敏感的视觉、嗅觉和触觉,特别是嗅觉非常灵敏。其嗅觉器官为埋在第一触角第一节中的平衡囊,属化学感受器,对外界气味的变化十分敏感。河蟹的攀爬能力很强,特别是在蟹苗和仔蟹阶段,由于身体轻,依靠附肢刚毛上吸附的水便能在潮湿的玻璃上做垂直爬行。因此,小水体养殖河蟹时,不仅需要设置良好的防逃设施,更重要的是要保持优良的养殖环境和提供优质饲料。只要养殖环境的生态条件好,河蟹就不会逃逸。

(六)对温度的适应性

河蟹对温度的适应范围较大,在1℃~35℃下都能生存,但对高温的适应能力较差,在30℃以上的水域中,穴居的比例大大提高。特别是蟹种,如长期在30℃以上的水域中生活,就容易发生性早熟。因此,池塘小水体养蟹,夏季必须采取降温措施(如栽植水草、提高水位等)。

(七)对光线的适应性

河蟹喜弱光,畏强光。昼伏夜出,在夜间依靠嗅觉和1对复眼在微弱的光线下寻找食物。渔民就利用河蟹喜欢趋弱光的特点,在夜间采用灯光诱捕,使捕获量大大提高。

四、生活史

河蟹在淡水中生长育肥,每年秋、冬之交完成成熟蜕壳后(长江流域一般为2秋龄)便成群结队向河口浅海处迁移。在迁移过程中,性腺逐步发育,最后在咸淡水中发育成熟,并完成交配、产卵、孵化等过程。孵出后的苗体呈水蚤状,称蚤状幼体。蚤状幼体经5次蜕壳(大约需要1个月的时间,分别称为蚤状幼体Ⅰ期、Ⅱ期、Ⅲ期、Ⅳ期、Ⅴ期)后变态为蜘蛛大小的大眼幼体,俗称蟹苗,其眼柄伸长而露出眼窝外,鳃部已发育完善,可离水,故可长途运输。大眼幼体具明显的趋淡水性、趋流水性和趋光性,并随潮水进入淡水江河口,蜕壳变态为Ⅰ期仔蟹。然后继续上溯进入江河、湖泊中生长,通过若干次蜕壳,逐步生长为幼蟹(蟹种)。幼蟹再经多次蜕壳,个体明显增大,即可食用。但性腺尚处于初级阶段(性腺小而肝脏大,肝脏比性腺重 20～30 倍),因其背壳呈土黄色,通常称其为黄蟹。每年 8～9 月份,2 秋龄的河蟹先后完成生命过程中的最后一次蜕壳(又称成熟蜕壳),即进入成蟹阶段。其背甲呈青绿色,通常称为绿蟹(表 2-2)。进入绿蟹阶段后,河蟹的甲壳不再增大,而肌肉进一步充实,性腺迅速发育,重量明显增加,并开始进行生殖洄游(图 2-3)。

表 2-2　黄蟹与绿蟹的外形判别

判别依据	黄 蟹	绿 蟹
背甲颜色	土黄色	青绿色或黄绿色
雌蟹腹部形状	未长足,呈三角形,不能覆盖头胸甲腹面	长足,呈椭圆形,可覆盖头胸甲腹面
雌蟹腹脐周边及附肢刚毛	短而稀	长而密
雄蟹螯足绒毛及步足刚毛	短而稀	绒毛稠密,刚毛粗长
雄蟹交接器	呈软管状,未骨化	坚硬,为骨质化管状物
打开头胸甲看性腺发育	橘黄色肝脏明显,看不到性腺	雌蟹卵巢为 2 条紫色长条物,雄蟹精巢为 2 条白色块状物

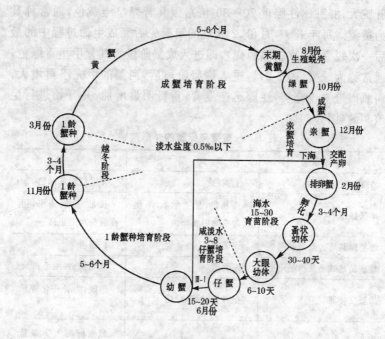

图 2-3   河蟹的生活史

五、繁殖习性

(一)交配与产卵

到了性成熟阶段,河蟹对温度、流水和渗透压等外界因子的变化十分敏感。每当晚秋季节,水温骤降,河蟹便开始进行降河生殖洄游,渔谚有"西风起、蟹脚痒"的说法。随着河蟹的降河洄游,其性腺趋于成熟,当亲蟹群体洄游至入海口的咸淡水交界处(其盐度为 15‰～25‰)时,雌雄亲蟹进行交配产卵。交配产卵的适宜温

度为 8℃～12℃,在长江口交配产卵的时间为每年 12 月份至翌年
3 月份。

河蟹繁殖可分为发情抱对、交配、排卵、产卵受精和搅卵附卵
5 个阶段。当河蟹发情抱对时,雄蟹将腹部对准雌蟹腹部,并以强
有力的大螯钳住雌蟹的步足,发情的雌蟹趁势打开腹部,暴露出胸
板上的 1 对生殖孔(在腹甲第五节中部),雄蟹也打开腹部,并将其
腹部贴在雌蟹腹部的内侧。此时,雄蟹腹部内侧的 1 对交接器插
入雌蟹腹部。雄蟹通过交接器,将精荚输入雌蟹生殖孔内的受精
囊内。待受精囊中贮满精荚时交配过程完成。交配后数小时或
10 多小时即可排卵。排出的成熟卵进入输卵管,此时受精囊中的
精荚随即破裂,释放出精子。因此,雌蟹排卵时,卵的表面已附有
大量精子。产卵时,从生殖孔呈喷射状产出附着精子的卵粒,遇到
咸水后,精子被激活完成受精作用。

必须强调指出的是,刚产出的受精卵没有黏液,像一团浓糊兜
在雌蟹腹部,由雌蟹的腹部附肢不断搅动卵粒,使其吸水膨胀,并
逐步产生黏液,呈葡萄串状附着在附肢的刚毛上。此时的雌蟹称
为抱卵蟹。从卵受精至卵粒产生黏液所需的时间为 8～9 小时。
雌蟹的腹脐呈半圆形,不容易将所产的卵全部兜在腹部。在产卵
时,雌蟹将身体埋在泥沙中,以构成附肢刚毛搅卵、黏卵的环境,防
止受精卵在搅卵阶段从腹脐四周流失,而且也避免了雄蟹干扰。
因此,严禁在无泥沙的水泥池中进行人工催产,并应为雌蟹的抱卵
提供安静的生态环境,严禁人为干扰。否则,极易造成雌蟹产卵后
少抱卵、不抱卵。

河蟹的怀卵量很大,一般体重 100～200 克的雌蟹怀卵量达
20 万～90 万粒。抱卵蟹选择合适的浅滩进行孵化,受精卵经 2～
4 个月的发育可孵出幼体。

(二)胚胎的发育过程

河蟹受精卵发育成幼体的过程就是胚胎发育的过程。

胚胎发育始于受精卵卵裂。从雌蟹生殖孔产出的受精卵,一般为酱紫色或豆沙色,卵径 0.3 毫米左右,卵黄丰富,卵表面光滑。卵裂首先在动物极出现缢痕,不久即分裂成 2 个大小不等的分裂球。由于分裂是不等分裂,二分裂球后相继呈 4 细胞期、6 细胞期、8 细胞期,发育至 64 细胞期后,分裂球的大小已不易区分,胚胎进入多细胞期、囊胚期和原肠期等发育阶段。

胚胎在卵裂前,需排出废物,卵的直径较受精时略有缩小。当胚胎进入 128 细胞期后,胚胎出现一次明显的扩大,原先卵膜和分裂球间的空隙为扩大的胚胎所充满。当胚胎发育至原肠期,可见胚内的原生质流动,在一侧出现新月形的透明部分,从而与黄色的卵巢块区别开来,称为新月形期。此时卵黄块占整个胚胎的绝大部分,并伴随着原肠腔的出现,胚体进入中轴器官形成期。在此阶段中,各个器官的形成过程是连续的,通常一个器官的形成尚未完成,随即而来的是另一个器官的出现。在原肠期以后,白色透明区逐渐扩大,经切片观察,头胸部、腹肢及其他的附肢已有雏形,以后这一部分就向原蚤状幼体期发育。此时,卵黄呈团块状,占整个胚胎的 3/4～4/5,胚胎无其他色素出现。稍后,进入眼点期。在胚体头胸部前下方的两侧出现橘红色的眼点,呈扁条形,但复眼和视网膜色素均未形成。此时其他部分无色素,卵黄占 2/3～1/2。而后,眼点部分色素加深,眼直径扩大,边缘出现星芒状凸起,复眼相继形成,卵黄囊的背方开始出现心脏原基,不久心脏开始跳动,此时卵黄呈蝴蝶状,胚体进入心跳期。在心跳期,心跳频率逐渐加快,卵黄块缩小,同时胚体头脑部的额、背、两侧及口区相继出现色素,即为色素形成期。此时即着生额刺、侧刺及组成口器甲壳质的原基,胚体头胸部、腹部、体节、附肢、复眼及眼基也已成形。继续

发育,心跳达 170~200 次/分

胚胎发育完全,幼体借尾部的摆动破膜而出。幼体出膜时间多在清晨,此时母体有力扇动脐部,出膜的第Ⅰ期蚤状幼体随水流离开母体,营独立生活。

河蟹胚胎的发育过程及蚤状幼体的形态分别见图 2-4 和图 2-5。

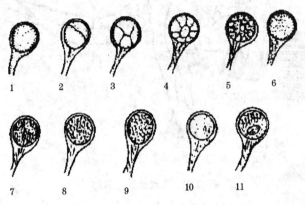

图 2-4 河蟹胚胎的发育过程

1. 受精卵 2.2 细胞期 3.4 细胞期 4.10 细胞期 5. 多细胞期

6. 囊胚期 7. 原肠期 8. 眼点前期 9. 眼点出现

10. 心跳期 11. 胚体色素形成期

影响河蟹胚胎发育的因素主要是温度,此外是盐度。

当水温在 23℃~25℃时,受精卵约经 20 天即可孵化出幼体;在水温为 10℃~18℃时,需 30℃~60 天;在水温为 28℃~29℃时,胚胎易死亡,但低温(低至－1.8℃)则对胚胎较安全。在自然条件下,因冬季温度低,雌蟹的抱卵时间长达 4~5 个月。

在新月形期前,胚胎对盐度骤降比较敏感;但新月形期后的胚胎对盐度变化的适应能力则很强。从对盐度的适应性来说,整个胚胎发育期中,新月形期是个转折点。据观察,把高盐度

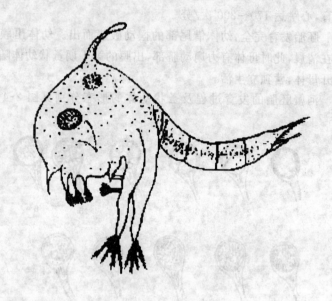

图 2-5　蚤状幼体的形态

(10‰～25‰)培养下的胚胎转移到低盐度(4‰)的海水或淡水中培育,胚胎易死亡,但在新月形期之后则仍能存活。

(三)蚤状幼体的发育阶段和生活习性

1. 发育阶段　刚从卵孵化出的幼体,外形似水蚤,故又称蚤状幼体。蚤状幼体各发育期的形态见图 2-6。

胚体出膜后进入海水的幼体为第Ⅰ期蚤状幼体,以后每隔3～5天蜕壳 1 次,依次变为第Ⅱ期、第Ⅲ期、第Ⅳ期、第Ⅴ期蚤状幼体。

蚤状幼体各期伴随着每次蜕壳,体型和体态都发生了明显的变化,但各期的主要区别是第一、第二颚足外肢末端的羽状刚毛数和尾叉内侧缘的刚毛对数以及胸足与附肢的雏芽出现与否。

第Ⅰ期:幼体全长 1.5 毫米左右,第一、第二颚足外肢末端的

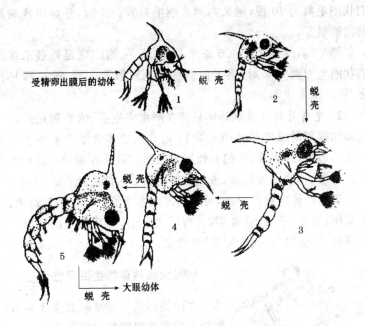

受精卵出膜后的幼体　蜕壳　蜕壳　蜕壳　蜕壳　蜕壳　大眼幼体

图2-6　河蟹蚤状幼体各发育期的形态

1.第Ⅰ期蚤状幼体　2.第Ⅱ期蚤状幼体　3.第Ⅲ期蚤状幼体

4.第Ⅳ期蚤状幼体　5.第Ⅴ期蚤状幼体

羽状刚毛为4根,尾叉内侧缘刚毛对数为3对,胸足与附肢的雏芽未出现。

第Ⅱ期:幼体全长2毫米左右,第一、第二颚足外肢末端的羽状刚毛为6根,尾叉内侧缘刚毛对数为3对,胸足与附肢的雏芽未出现。

第Ⅲ期:幼体全长2.7毫米左右,第一、第二颚足外肢末端的羽状刚毛为8根,尾叉内侧缘刚毛对数为4对,未出现胸足与附肢的雏芽。

第Ⅳ期:幼体全长3.5毫米左右,第一、第二颚足外肢末端的羽状刚毛数为 10 根,尾叉内侧缘刚毛对数为 4 对,开始出现胸足与附肢雏芽。

第Ⅴ期:幼体全长 4.6 毫米左右,第一、第二颚足外肢末端的羽状刚毛对数为 6 对,尾叉内侧缘刚毛对数为 5 对,第三颚足长出,胸足基本成形。

2. 生活习性 蚤状幼体只能在海水中生活,依靠颚足外肢的划动和腹部的屈伸而运动。第Ⅰ、第Ⅱ期幼体常浮于水的表层和水池的边角,成群聚集,趋光性特别强烈。以后各期幼体逐渐转向水底层生活,溯水性较强,蚤状幼体离水不久即会死亡。

蚤状幼体的食性很杂,可捕食单细胞藻类、轮虫、担轮幼虫、沙蚕幼体、蛋黄、豆浆、豆腐等,并有以大吃小、相互残杀的现象。人工养殖时,应避免"几代同堂"的现象。

(四)大眼幼体的生活习性

图 2-7　大眼幼体的形态

大眼幼体因 1 对复眼着生于长长的眼柄末端露于眼窝外而得名。

第Ⅴ期蚤状幼体经 3～5 天后蜕壳即变态为大眼幼体,俗称蟹苗。大眼幼体扁平,有胸足 5 对,腹部狭长(图 2-7)。

大眼幼体具有较强的趋光性和溯水性,能适应淡水生活。对淡水水流较敏感,往往溯水而上,形成蟹苗汛期。在培育池中喜沿池壁在同一方向成群游动,有时也攀附在岸边或水草等附着物上。大眼幼体可用鳃呼吸,离水后保持湿润可存活 2～3天,这一特性为蟹苗干运提供了便利。大眼幼体为杂食性,能捕食比它自身还大的浮游动物。

(五)第Ⅰ期幼蟹的生活习性

图 2-8 第Ⅰ期幼蟹的形态

大眼幼体蜕壳后变成第Ⅰ期幼蟹(图 2-8),以后每隔 5 天蜕 1 次壳,经5～6 次蜕壳后即形成成蟹时的形状。

幼蟹的生长速度与水温、饵料等有关,水域条件适宜、饵料丰富,生长就快,蜕壳的频度就大,每次蜕壳体型增加的幅度也较大;反之,蜕壳慢,体型增加幅度小。水质清澈、水草茂盛的浅水湖泊,是河蟹生长的良好环境。

幼蟹为杂食性,主要以水生植物及其碎屑为食,也能采食水生动物尸体和多种水生动物,如无节幼体、枝角类和蠕虫等。

六、生长过程

(一)蜕 壳

河蟹具外骨骼,其整体容积是固定的,当它在旧的骨骼内长到一定阶段时,旧壳已不能再容纳它积贮的肌体,此时必须蜕去这个旧壳才能继续生长。因此,河蟹的生长过程总是伴随着蜕壳。河蟹蜕壳有以下特点。

一是要求浅水、弱光、安静和水质清新的环境。通常在水面下5～10 厘米处蜕壳。紫外线对蜕壳后的软壳蟹杀伤力很强,因此河蟹总是在夜间(半夜至早晨 6 时,黎明是高峰时段)蜕壳,并喜欢隐蔽在水生植物下蜕壳。

二是蜕壳前的河蟹体色深,蟹壳呈黄褐色或黑褐色,腹甲水锈多,步足硬。蜕壳后的河蟹体色淡,腹甲白,无水锈,步足软。

三是蜕壳时和蜕壳完成前不摄食。

四是蜕壳后河蟹的身体软弱无力,称为软壳蟹。需要在原地休息1~1.5小时才能爬动,钻入隐蔽处或洞穴中,此时极易受同类或其他敌害生物的侵袭。因此,河蟹每次蜕壳后的1~1.5小时,是其生命过程中最脆弱的时刻。促进河蟹同步蜕壳和保护软壳蟹是提高河蟹养殖成活率的关键因素之一。

五是河蟹在蜕壳后体内吸收大量水分,因而其体重明显增加。据测定,蜕壳后壳长增长22.1%,体重增长91.7%。

六是河蟹的蜕壳与饲料中的营养成分密切相关。除了生长所必需的营养物质外,饲料中还必须包含蜕壳素。蜕壳素是一种类固醇激素,又称蜕皮激素。没有蜕壳素的参与,河蟹不能完成蜕壳过程,也就不能正常生长,甚至造成蜕壳不遂而死亡。

在正常情况下,河蟹一生大约蜕壳20次,其中蟹苗阶段5次,仔蟹(豆蟹)阶段5次,蟹种(扣蟹)阶段5次,成蟹阶段5次。

(二)生 长

据资料记载,雄蟹的最大个体可达850克,雌蟹接近500克。但由于受饲料、水温和水质等生态因子的制约,其生长受到不同程度的影响。如水域水质、水温条件适宜,饲料丰富,则河蟹的蜕壳次数多,生长迅速,个体也大;当环境条件不良(如咸水、高温)时,则停止蜕壳,生长缓慢,个体也小。例如,在生态环境好的水域,1龄蟹种可长到50~100克重,而在环境差的水域只能长到0.5~1克重。因此,在自然界中,同一年龄的河蟹,其个体大小相差甚远。研究表明,当年蟹种在培育过程中,由于营养过剩、有效积温过高或水环境差(如盐度高)等原因,致使性腺开始发育,会造成1龄蟹种性早熟(俗称小绿蟹)。通常小绿蟹的体重为15~35克,最小仅10克,它们不再蜕壳,并可参加生殖洄游,到翌年春天死亡。蟹种性早熟不仅给养蟹户带来严重的经济损失,而且如果这些小绿蟹外逃下海产卵,极易造成河蟹种质退化。

第三章　河蟹养殖的水质条件和水质调控

　　河蟹生活在水中,水质的优劣直接影响河蟹的生长、蜕壳。在养蟹过程中,必须有良好的水质。养蟹的水质必须在各方面都适合河蟹生长的要求,如果其中某一因素不符合养蟹的标准,就会直接或间接影响河蟹的蜕壳和生长。

　　只有了解养殖河蟹对水环境的生态要求,了解池塘水体环境各因子变化规律及彼此之间的关系,才能调节和控制养殖水环境,使之符合河蟹的生长要求。

一、河蟹养殖的水质条件

(一)水　深

　　养殖河蟹的池塘需要一定的水深和蓄水量,池水较深,容水量较大,水温不易改变,水质比较稳定,不易受干旱的影响,对河蟹生长有利。但池水过深,对河蟹和水草的生长是不适宜的。蟹池的水深应随水温的上升和河蟹生长逐渐加深。春季水深应控制在0.8～1米,夏季水深控制在1～1.2米,秋季和冬季加深至1.2米以上。越冬池要保持水深1.5米左右,因为河蟹只有在较深的水体里才不会被冻伤、冻死。要经常检查越冬池有无渗漏现象,千万不能让蟹池较长时间处于低水位状态,否则尽管河蟹藏在洞穴或泥土里,但仍然会被冻伤或冻死。发现水位下降,要及时加水,进水水温与原池水温差不可超过2℃。

　　蟹池的排灌设施要完善,做到高灌低排,排灌分开,保证每口蟹池水能灌得进、排得出,不逃蟹,旱涝保收,稳产高产。

(二)水 温

河蟹是变温动物,体温主要取决于环境水温,通常河蟹的体温略高于周围环境的温度。水温能影响河蟹的生长和变态,在适温条件下,温度高河蟹的摄食旺盛,生长和变态迅速加快。水温在21℃左右,第Ⅰ期蚤状幼体只需4～5天就可变态;水温在15℃左右变态十分缓慢。一般水温在10℃时开始明显摄食,10℃以下时摄食能力减弱。河蟹能耐受低温,水温在-1℃～-2℃时抱卵蟹能顺利过冬,蟹卵和产蟹均不会死亡。冬天河蟹停止摄食,隐藏于洞穴中越冬。

河蟹的交配产卵和幼体变态,对水温均有一定的要求。如亲蟹交配水温要求达到9℃～12℃;抱卵蟹饲养阶段水温应控制在11℃～16℃;幼体变态则需在水温为20℃～25℃条件下进行。温度太低或太高均对人工育苗无益,因此在河蟹的人工育苗中,采用控温措施比不采用好,控温可使幼体变态同步,并能提高育苗成活率。

在河蟹养殖过程中,水温对河蟹蜕壳有一定影响。适温范围内,水温越高,蜕壳次数越多,生长越迅速。而当水温超过28℃时,河蟹的蜕壳和生长就会受到抑制。河蟹怕热不怕冷,所以在严寒的北欧也有它的踪迹。

水温突变对河蟹生长变态和繁殖都不利,特别是幼体阶段更为明显,常常因温差太大而大批死亡。蟹苗阶段必须控制水温的温差不得超过2℃～3℃。早期工厂育苗大约4月底出池,此时室外水温很低,室内水温要比室外高7℃～8℃,如果操作不当,大部分蟹苗移入室外即会死亡,因此生产上需加以注意。

(三)水 色

养殖水体的水色是由水中的溶解物质、悬浮颗粒、浮游生物、水底及周围环境等因素综合而形成的,如富含钙、铁、镁盐的水呈黄绿色,富含腐殖质的水呈褐色,含泥沙多的水呈土黄色等。在精养鱼池中,浮游生物(特别是浮游植物)占绝对优势,并明显具有优势种类。由于各类浮游生物细胞内含有不同的色素,因此当池塘中浮游生物种类和数量不同时,池水就呈现不同的颜色和浓度,俗称为水色。看水色鉴别水质,在生产上有很大的实用价值。好的河蟹养殖水色一般分为两大类:一类是以黄褐色为主(包括姜黄色、茶黄色、茶褐色、红褐色、褐色中带绿色等)的水色,另一类是以绿色为主(包括黄绿色、油绿色、蓝绿色、墨绿色、绿色中带褐色等)的水色。这两类水均为肥水型水质。但相比之下,黄褐色的水质要优于绿色水质,水中河蟹易消化的藻类占优势,其指标生物为隐藻类;而绿色水中河蟹不易消化的藻类占优势,指标生物为绿藻门的小型藻类。当养殖水体水质变坏时则呈现出棕红色、棕黄色、蓝绿色、深绿色、灰绿色、灰色甚至黑色等颜色,这是因为出现了对河蟹有害的藻类优势种。

(四)光 照

河蟹喜弱光不喜强光,昼伏夜出。白天隐藏于洞穴、池底、石隙或草丛中,夜间依靠发达的视觉器官借助于微弱的光线出来觅食。所以,可利用河蟹这一习性在夜间进行灯光诱捕。

亲蟹交配时对光照要求不高,夜间也可进行交配。胚胎发育早期基本处于黑暗状态,但胚胎发育到后期则需要适当的光照。发育至幼体变态时就更需要一定的光照强度,否则将影响幼体蜕壳和成活率,一般要求光照在 2 000~6 000 勒。随着幼体日龄增加,对光照强度的要求也逐步增加。

此外,幼体早期的饲料(如硅藻、绿藻)和成蟹的植物性饲料,均需要在有光照的条件下才能进行光合作用而生长繁殖。

（五）盐　度

河蟹从大眼幼体开始就迁移到淡水中生活，喜欢在水质清新、水草茂盛、环境安静的湖泊中栖息和生长发育。大眼幼体进入淡水水域后，要求水体的盐度越低越好。秋季当河蟹达到性成熟时，亲蟹要洄游到河口半咸水处交配、产卵和孵化，直至蚤状幼体变态为大眼幼体，对盐度都有一定的要求。但不同发育阶段对盐度要求也有所差别，第Ⅰ期蚤状幼体对盐度的要求比以后几期蚤状幼体高，一般不能低于 7‰；从第Ⅱ期幼体开始对盐度要求有所下降，一般降至 5‰左右也能顺利变态。盐度突变对幼体发育不利，一般盐度差不得超过 3‰。否则，将会引起幼体大批死亡。

高盐度育出的大眼幼体，放入淡水前均要进行逐渐淡水驯化，才能放入淡水中养殖。否则，将会造成幼体大批死亡。

（六）溶 解 氧

在没有机械搅动的情况下，氧气是通过扩散和光合作用方式进入水体，其中光合作用是最主要的溶解氧来源。水中 80％以上的溶解氧是靠水中浮游植物的光合作用产生的，少部分源于大气中氧气的溶解作用。水中溶解氧的多少与水温、时间、气压、风力、流动等因素有关。水温升高时，河蟹新陈代谢增强，呼吸频率加快，耗氧量增大，水中的溶解氧就会减少。由于浮游植物光合作用受光线强弱的影响，池中的溶解氧也随光线的强弱而变化。一般晴天比阴天的溶氧量高，晴天下午的溶氧量最高，上层水体的溶氧量呈饱和状态。黎明前溶氧量最低，这时无增氧设备的中等产量的池塘一般都有浮头现象。在低气压、无风浪、水不流动时溶氧量较低，在气压高、有风浪、水流动时溶氧量较高。但是水体中的溶解氧却并非大部分被养殖动物所利用。据研究，水体溶解氧的 50％～70％被非养殖动物消耗，30％～40％被排泄物和残饵消耗，

8%左右被淤泥消耗,只有 5%~12%才为养殖动物所利用。

河蟹用鳃将溶解在水中的氧气与血液中的二氧化碳进行气体交换,完成呼吸。水中的溶解氧在 4 毫克/升以上时适合河蟹生长。一般在江河、湖泊水体里,溶解氧十分充足,不会有缺氧的情况。只有在池塘或小水体条件下养殖河蟹,由于密度大、水质肥,如果管理不当,常常会产生缺氧现象。当水中溶解氧低于 2 毫克/升时,对河蟹的蜕壳生长、变态会产生抑制作用。

河蟹在高溶氧量水体中,摄食旺盛、消化率高、蜕壳顺利、生长快、规格大、产量高,饲料系数也低。当水中的溶氧量过少时,河蟹的正常活动就会受到影响,严重缺氧时可引起死亡。如何保持水体中含有充足的溶解氧,对人工养蟹是十分重要的。在人工养殖河蟹过程中,必须掌握养殖水域中溶解氧的变化,并采取有效措施。

溶解氧除作为河蟹维持生命所必需的物质外,还可以使水体中的有害物质无害化,同时降低有毒物质的毒性,最终为河蟹健康生长创造有利的水质环境。

(七)透 明 度

透明度表示光透入水中的程度。所谓透明度,是指把透明度盘沉入水中至恰好看不到的深度,用"厘米"来表示。养殖水体透明度的高低,取决于水源状态、水中悬浮的有机或无机微细物质、浮游生物和水温等。池水透明度的高低,可以表示水中浮游生物的丰歉和水质的肥度。河蟹喜欢清水,透明度以 30 厘米以上为好。

(八)酸 碱 度

水的酸碱度用 pH 值来表示。水中 pH 值主要取决于水中游离二氧化碳的含量。酸性环境中河蟹对低氧条件的耐受力和摄食能力减弱,并影响河蟹甲壳钙质的沉淀。尤其在幼体变态期,可影响甲壳的形成和蜕壳,直接影响河蟹的生长。

pH 值一般要求在 7～8,即中性或微碱性。幼体变态时,pH值可稍高(7.8～8.6)。

在大水面条件下,一般 pH 值对河蟹的生长、发育影响不大,但在池塘条件下则不然。因为在池塘密养条件下,水质较肥,加之夜间水中动植物的呼吸作用和有机物的分解消耗大量氧气,同时放出二氧化碳,使水趋向酸性而影响河蟹的生长。因此,要经常换水,增加水中溶氧量,使水质保持清新,让河蟹有一个良好的水域环境。如果水质偏向酸性,可施加适量生石灰调节 pH 值至微碱性,使河蟹顺利蜕壳,生长发育。

(九)氨　氮

养殖水体中产生的氨有 3 个来源:一是含氮有机物被硝化细菌还原分解产生;二是在氧气不足时含氮有机物被反硝化细菌还原分解产生;三是水生动物代谢终产物以氨的状态排出。氨对河蟹是有毒的,可使河蟹产生毒血症。在池塘中溶解氧充足、水体pH 值≥7 时,池水中氨的含量较低,水生生物和河蟹排泄的氨被大量池水稀释,同时硝化细菌将其转化为硝酸盐,因此不会给河蟹带来太大影响。但在缺氧的情况下,氨就会积累。当达到一定浓度时,就会使河蟹中毒、减少摄食、生长缓慢,高浓度时会造成河蟹死亡。养殖密度过大时,氨的浓度就高,所以氨是限制放养密度的因素之一。目前,我国渔业水质标准未对氨含量做出规定,一般以0.05～0.1 毫克/升作为可允许值。

(十)亚硝酸盐

亚硝酸盐是氨经细菌作用发生氧化反应生成的,是氨在转化为硝酸盐过程中的中间产物。在氨转化为硝酸盐的过程中受到阻碍,中间产物亚硝酸盐就会在水体中积累。亚硝酸盐的存在对河蟹有直接的毒性,可使河蟹血液中的亚铁血红蛋白被其氧化成为高铁血红蛋白,从而抑制血液的载氧能力,造成河蟹因缺氧而死亡。亚硝酸盐浓度在 0.1 毫克/升时,会造成河蟹慢性中毒;浓度在 0.5 毫克/升时,河蟹会容易患病,出现大面积暴发疾病死亡。冬季在冰下缺氧的越冬池易发生亚硝酸盐中毒。养殖密度过大,池水经常缺氧,水体中有机物含量过高的池塘很容易引起亚硝酸盐含量的升高。

(十一)硫 化 氢

硫化氢是在水体缺氧条件下,含硫有机物经厌氧细菌分解而形成的。在杂草、残饵堆积过厚的老塘,异氧菌分解残饵或粪便中的有机硫化物,常有硫化氢产生。养殖水体有硫化氢产生也是水底缺氧的标志。养殖水体中的硫化氢通过鳃表面和黏膜可很快被河蟹吸收,与组织中的钠离子结合形成具有强烈刺激作用的硫化钠,并可与呼吸链末端的细胞色素氧化酶中的铁相结合,使血红素含量减少,进而影响河蟹的呼吸。因此,硫化氢对河蟹具有较强毒性,养殖池中不允许有硫化氢存在。

二、河蟹养殖的水质监测设备

我国人民在水产养殖过程中,对水质的观察、监测和管理大多凭借在养殖过程中所积累的水产养殖经验。随着养殖技术的科学化和养殖品种的不断增加和改变,人们对水质的控制越来越向科学、规范的方向发展。因此,许多水质指标的检测仪器应运而生。

(一)透明度检测

可以制作一个黑白盘(即透明度盘)来测定水体透明度。用薄铁皮剪成直径 25 厘米的圆盘,用铁钉在圆盘中心打一个小孔,再用黑色和白色油漆把圆盘漆成黑白相间的颜色。在圆盘中心孔穿一根细绳,细绳下系着重锤,并在绳上画上长度标记,将黑白盘浸入池水中至刚好看不见圆盘时为止,这时绳子在水面处的长度标记数值就是池水的透明度。

(二)盐度检测

一般采用比重计测定水体比重,然后换算成盐度,此方法简易快捷,适于一般养殖生产单位使用。

(三)光照检测

照度计(或称勒克斯计)是一种专门测量光度、亮度的工具,可测量光照强度(照度),显示物体被照明的程度,即物体表面所得到的光通量与被照面积之比。许多厂家生产的照度计小巧,可电子显示数据,使用方便。

(四)溶解氧检测

近几年来,已有不少测量溶氧量的电子仪器投入市场,如上海精密科学仪器有限公司生产的 JPB-607 便携式溶氧仪,从液晶显示屏上可以直接读数,而且体积小、携带方便、操作简单。

(五)pH 值检测

1. pH 试纸　需大致了解水质酸碱度的时候可以使用 pH 试纸,如果需要精确一些可以选用精密 pH 试纸进行测量。

2. pH 比色器　pH 比色器采用液体专用指示剂,将该指示剂滴入经简单处理过的水样时,可以随水的酸碱度不同产生不同的颜色,从而判断水的 pH 值。

3. pH 计　将该仪器的探测头直接插入水中,立刻就可从仪器的电子显示盘上读出 pH 值。

(六)氨氮和亚硝酸盐检测

市场上已有多种检测氨氮、亚硝酸盐的测试仪器和试剂。在选购时要注意针对养殖者的具体情况和仪器、试剂的适用范围加以选择。

(七)硫化氢检测

市场上已有硫化氢快速测定试剂盒,可使用目视比色法或滴定法,快速得到可靠的结果,操作简便,2~10 分钟即可完成 1 个水样的分析,快速高效。

三、河蟹养殖的水质调控方法

水质调控的方法大体上可以分为物理方法、化学方法和生物学方法。

(一)物理方法

1. 适时换水 换水的关键是水源水质要清新,符合渔业水质标准。其次要掌握换水时机,不能等水质过老才换水。一般水体透明度低于 20 厘米就应该换水。其好处是:可以长时间保持水质清新,同时降低每次换水量,避免大量换水造成温差过大给河蟹造成应激。具体说,6~9 月份至少每周换水 1 次,每次换水 10~20厘米深,先排去老水再注入新水。

2. 正确使用增氧机 河蟹快速生长的季节也是最容易缺氧的季节,适时增氧可以降低养殖风险,降低水体有害物质对河蟹的危害,提高河蟹生长速度,降低饲料系数。

渔业生产中常用的增氧机有喷水式、水车式和叶轮式 3 种。

喷水式增氧机是将水喷向空中，散开落下；水车式增氧机是靠搅动水体表层的水使之与空气增加接触。这两种增氧机对于增加水中溶氧量、解救浮头都具有很好的效果。同时，曝气效果也较好，能很好地将水中溶解的气体如硫化氢、氨等逸入空气中。叶轮式增氧机是近年来池塘养殖生产中大力推广的一种新型水体增氧机械。叶轮式增氧机能使池水上升而发生对流，使表层水进入底层，底层水上升至表层。含氧量较高的表层水进入底层后可有效改善底层水体的溶氧状况，使底泥中的有机物迅速矿化分解，从而达到改善水质的效果，对水产养殖和增产增收十分有利。

(二)化学方法

1. 适量巧施磷肥 对于大多数投喂商品饲料的池塘，往往氮肥过高(北方高盐碱粗放池除外)，因此池塘施放磷肥非常重要。在生产实践中，一般通过施用磷肥促进藻类对氮肥的利用，提高或保持水体浮游植物的生物量，起到供饵、供氧、降低氨氮含量、改善水质的作用。对底泥较厚的池塘单施磷肥即可。根据相关研究结果表明，磷肥的施用量为氮肥的 1/10～1/5。一般情况下，施氮量为 1～2 毫克/升，施磷量为 0.1～0.5 毫克/升，这样的施肥比例有利于有益藻的生长而抑制蓝藻以及丝状藻等有害藻的生长。过磷酸钙等可溶性磷肥，施肥后仅几天内有效。为了使池塘有效磷保持较高浓度，施磷肥必须做到勤施少施。通常在池塘中每 10 天泼洒 1 次过磷酸钙，每次使全池呈 10 毫克/升的浓度。为减少沉淀和逸散，磷肥应尽可能均匀溶解在水中。过磷酸钙遇碱产生不溶性磷酸三钙使肥效降低，故不能和碱性物质一起使用。在泼洒前4～5天不能泼洒生石灰水。如果水体 pH 值过低，则生石灰与磷肥的施用时间间隔为 15 天。水质较瘦的池塘最好将无机磷肥与有机肥料一起混合使用。根据施肥后 5～7 天水色的变化调整下次施肥量和施肥时间，保持有效磷浓度在 0.03 毫克/升以上。应在晴天上午 10 时左右全池泼洒,施肥当天白天不要搅动池水。

2. 适时施用生石灰　除盐碱地外,在河蟹快速生长季节每 10~15 天施用 1 次生石灰,浓度为 15~20 克/米^3,可以调节池水 pH 值,这对于大量投喂的精养池来说是很有必要的,因为有机酸大量存在会降低池水的 pH 值,引起溶解氧被大量消耗并导致一系列病害发生。

(三)生物学方法

1. 多品种混养滤食性和杂食性鱼类　混养鲢、鳙鱼等滤食性鱼类,通过它们的滤食作用调节池水浮游生物量,也是保持水质、提高养殖效益的好方法。在不影响主养河蟹密度的情况下,适当增加鲢、鳙鱼规格档次,既可以增加轮捕轮放频度,又可以充分利用水体生物循环,保持水体生态系统的动态平衡。适当混养鲫鱼、团头鲂、罗非鱼、鲮鱼等,既可有效地消耗高产水体因大量投喂产生的残饵、有机碎屑、细菌团和附生藻类,降低有机耗氧量,达到调节水质的目的,又能够提高水体利用率,增加经济收入。

2. 使用生物制剂　使用生物制剂既能提供有益藻种,又能改善底质,从立体空间上调节水质,可以取得很好的效果。常用的生物制剂有光合细菌、芽孢杆菌以及 EM 菌(有益微生物菌群)等。

(1)光合细菌　为一群能在厌氧光照或好氧黑暗条件下利用有机物作为供氢体和碳源,进行不放氧光合作用的细菌。其在池塘养殖过程中的作用如下:一是净化水质,改善养殖环境。光合细菌以水中的有机物作为自身繁殖的营养源,并能迅速分解利用水中的氨氮、亚硝酸盐、硫化氢等有害物质,能完全分解水产动物的残饵及粪便,起到保护和净化养殖水体水质的作用。二是可以作为鱼及幼体的饲料。光合细菌含有大量的促生长因子和生理活性物质,营养丰富,能刺激免疫系统,促进胃肠道内有益菌的生长繁殖,增强消化和抗病能力,促进生长。三是预防疾病。光合细菌含有抗病毒因子及多种免疫促进因子,可活化机体的免疫系统,强化机体的应激反应,从而达到防治疾病的目的。

(2)芽孢杆菌 在水体中的作用是分解池底的残饵、粪便、有机物,并可转化成单细胞藻类能利用的有机物;降解氨氮、亚硝酸盐、硫化氢等有害物质;促进硅藻、绿藻等优良单细胞藻类生长,抑制蓝藻生长,营造适宜的养殖水质,改善水质因子,保持良好的养殖生态环境;可通过营养、场所竞争及分泌类似抗生素的物质,直接或间接抑制有害病菌的生长繁殖。另外,还可以产生免疫活性物质,刺激水产养殖动物提高免疫功能,增强抵抗力和抗应激能力,减少病害的发生。

(3)EM菌 是一种新型的复合微生态制剂,呈棕色半透明状液体,由光合细菌、乳酸菌、酵母菌、放线菌、醋酸杆菌等微生物复合培养而成,它具有多种功能,主要包括促进动物生长、提高饲料利用率、增强机体抗病性能、去除粪便恶臭、改善生态环境等。使用时EM菌可以全池泼洒或拌料投喂。

四、河蟹养殖池的底质改良

(一)清除过多淤泥

精养池最好每年干池1次,清除过多的池塘淤泥。为了保持池塘的肥度和水质的相对稳定,可保留15～20厘米深的淤泥。虽然清淤费用较高,但可降低饲料系数、病害防治费用及暴发性疾病的发生概率。清除出的淤泥,可用以加固池岸、堤埂,在池岸、堤埂上种植青绿饲料或其他经济作物。淤泥是优质有机肥料,青绿饲料施用淤泥后每667米² 产量可达7～8吨。利用池岸、堤埂种植青绿饲料,不仅可以保护池岸、堤埂,避免水土流失,减少营养物质流入池塘,而且种植青绿饲料养鱼还可促进鱼产量的提高。

（二）池底日晒和冰冻

在冬、春季清淤的池塘，冬季排干池水后，让池底日晒和冰冻一段时间，可以杀死病原体、寄生虫（卵和孢子），增加淤泥的透气性，促使淤泥中的有机物分解矿化，变成简单的无机物。翌年养殖时，可向水中提供大量的营养盐类，为改善池塘下层水的溶氧量，改善水质创造良好条件。

（三）生石灰清塘

用生石灰清塘是改善底质的有效措施，其特点为：在短时间内使池水 pH 值达到 11 以上，杀死野杂鱼、河蟹的寄生虫、致病细菌和丝状藻类、一些根浅的水生植物，作用快而彻底；能提高池水的碱度和硬度，增加水的缓冲能力；减少水中浮游植物光合作用，消耗水中二氧化碳，使池水 pH 值升高，起到改良水质的作用。

除能杀死病原菌以及使池水保持微碱性的环境和提高池水的硬度、增加缓冲能力外，还能增加水中的钙离子，并使淤泥中被胶体所吸附的营养物质交换释放出来，以增加水的肥度。塘底施放生石灰的好处很多，但施用的量要足，即每 667 米^2 用 100 千克以上；操作要细，即将池水抽至 10 厘米左右，生石灰用桶加水溶化后趁热遍泼全池，用钉耙把泼有生石灰的底泥翻耙一遍，使淤泥和生石灰充分混合。

第四章 河蟹的营养需求与饲料配制

饲料是河蟹养殖的物质基础,也是河蟹养殖生产中的重要投入。饲料质量的优劣和饲料投喂技术是否合理,是影响河蟹养殖效果和环境生态效益的一个最重要的因素。饲料的质量不但决定了饲料本身的转化效率,而且对养殖环境产生决定性的影响。饲料质量低下不仅影响河蟹的正常生长,而且会在养殖过程中产生大量的废弃物,恶化养殖环境。因此,重视饲料品质意义重大。

河蟹是一种杂食性的水生动物,养殖过程中不仅可以使用天然饵料、植物性饲料、动物性饲料,而且可以使用人工配合饲料。

一、河蟹的营养需求

(一)蛋白质

蛋白质是生物体的基础物质。蛋白质对保持蟹类健康生长、发育与繁殖具有重要的意义,它不仅是构成河蟹机体组织、器官不可缺少的物质,而且是许多生物活性物质(如酶、激素等)的组成成分,同时也是饲料成本中比例最大的成分。此外,饲料中蛋白质作为能量利用时将伴随着氮的分泌而影响水质,故生产出一种能满足河蟹最适生长、低蛋白质环保型配合饲料,市场前景一定很好。国内多数学者是根据河蟹蟹体组织蛋白质的组分,作为设计配合饲料蛋白质组分的主要依据。同时,结合河蟹对天然饵料的选择摄食习性,或参照河蟹对蛋白质的需要量初步确定一个营养标准,设计若干配方进行饲养对比试验,然后从试验结果中以河蟹增重和成活率作为指标,来认定河蟹饲料中粗蛋白质的最适含量。迄今为止,对河蟹蛋白质需求的研究已取得了一系列成果。

河蟹从蚤状幼体期至养成期的配合饲料粗蛋白质含量为45%～48%。以白鱼粉、饼粕类、面筋粉、虾糠粉、蛋黄粉等为主要原料制成的粗蛋白质为45%的河蟹蚤状幼体期配合饲料,其产品细度为80～250目,分别投喂蚤状幼体期至养成后期幼体,其幼体变态整齐、蜕壳时间短、成活率高。蟹苗出池后池底的残饵很少。用粗蛋白质为42%的配合饲料(开口料)喂养大眼幼体至养成后期幼蟹,经过约1个月的喂养,幼蟹生长快、活泼健康,其成活率在50%以上,饲料系数0.8左右。河蟹养成期的配合饲料粗蛋白质含量为28%～36%,在此条件下喂养出的河蟹个体大、病害少,而且大部分养殖户都可盈利。

根据河蟹的生理特点,养成前期温度适宜,可投喂含36%粗蛋白质的配合饲料;中期水温较高,河蟹生长相对缓慢,可投喂含28%粗蛋白质的配合饲料,并结合投喂一些水草和杂粮;后期水温较适宜河蟹生长,此时河蟹大量摄食,为越冬贮备营养,可投喂粗蛋白质含量为33%的配合饲料,这时的河蟹最为健壮。因此,这样的饲养模式也符合河蟹养殖"两头精、中间粗"的模式。

(二)氨 基 酸

河蟹对蛋白质的吸收利用从本质上说是对氨基酸的消化吸收。河蟹将饲料中获取的蛋白质消化成肽、氨基酸等小分子化合物后才能最终被蟹体的各种组织吸收。河蟹所需的必需氨基酸基本上与虾类相似,即苏氨酸、缬氨酸、亮氨酸、异亮氨酸、色氨酸、蛋氨酸、苯丙氨酸、组氨酸、赖氨酸和精氨酸10种。河蟹对碱性必需氨基酸(赖氨酸、精氨酸)、酸性必需氨基酸(天冬氨酸、谷氨酸)和中性非必需氨基酸的吸收率高,而对杂环结构的色氨酸、组氨酸和芳香族的酪氨酸的吸收率出现不规则变化,且与饲料原料的组成有关。

适宜的氨基酸含量和比例比适宜含量的蛋白质更为重要。一般认为,与自然界动物体必需氨基酸组分近似的饲料即为该动物的最适饲料。据此不少学者采取分析河蟹肌肉氨基酸的方法,来研究河蟹对必需氨基酸的需要量。大眼幼体蟹体必需氨基酸含量为赖氨酸3.22%,蛋氨酸1%,精氨酸3%,亮氨酸5.07%,异亮氨酸2.65%,苏氨酸1.12%,组氨酸1.26%,缬氨酸3.08%;从大眼幼体到第Ⅲ期幼蟹对必需氨基酸的需要为赖氨酸2.63%,蛋氨酸1.61%,精氨酸1.44%,亮氨酸3.43%,异亮氨酸1.91%,苏氨酸1.4%,组氨酸0.96%,缬氨酸2.29%。

为了使配合饲料中氨基酸互补,最大限度地满足河蟹生长发育的需要,在保证饲料原料质量的前提下,尽可能使用多品种原料如鱼粉、各种饼粕类、酵母、糠麸类等。但是在使用饼粕类时要注意,花生粕尽管在河蟹饲料中可较大量使用,但易产生黄曲霉毒素,要注意保管,保证质量;棉籽粕中含有棉酚、菜籽粕中含有芥子苷等有毒物质,而且味苦,对仔蟹的适口性较差,因此在饲料中的添加量不宜超过7%。

(三)脂 类

脂类不仅是河蟹生长发育所需能量的主要来源,还是脂溶性维生素的溶解介质和生物膜结构的重要成分,特别是其中的多不饱和脂肪酸、磷脂和胆固醇,对河蟹的成活和生长有重要影响,并与其蜕壳、生殖等生命活动密切相关。由于它们在河蟹体内不能合成或合成量少,无法满足其生长发育的需要,因此必须通过外界饲料进行添加补充。

饲料脂类脂肪酸的组成,特别是亚油酸和二十碳五烯酸(EPA)及二十二碳六烯酸(DHA)等长链多不饱和脂肪酸是河蟹的必需脂肪酸,对其生长、生殖和蜕壳也有重要影响。而且有试验还证实河蟹都优先将饲料中的长链多不饱和脂肪酸合成体磷脂的成分。河蟹的脂肪酸中,不饱和脂肪酸占总脂肪酸比例很大(70%～83%),而其中多烯脂肪酸特别是二十碳五烯酸和二十二碳六烯酸占很高比例。此外,幼蟹的饱和脂肪酸含量显著高于成蟹,而单烯脂肪酸的含量又显著低于成蟹。幼蟹的二十二碳四烯酸比成蟹高出2倍多。有研究表明,饲料中添加一定量的磷脂对提高大眼幼体育成第Ⅲ期仔蟹的成活率有较显著的作用,并能加速仔蟹的蜕壳;而添加多不饱和脂肪酸仅能提高幼体到第Ⅰ期仔蟹的成活率。另外,饲料中的不饱和脂肪酸含量可显著影响仔蟹体内脂肪酸的含量。一般认为,幼体至幼蟹阶段的粗脂肪含量应在6%～8%,成蟹阶段在3%～6%。鱼油中含有多种高度不饱和脂肪酸和一些未知生长因子,是河蟹饲料适宜添加的油脂原料。

饲料中磷脂的含量对河蟹的生长和性腺发育有重要影响,这主要是因为河蟹磷脂合成能力有限,所需磷脂必须从饲料中获得。如在饲料中添加一定量的磷脂可促进河蟹的生长和成活。同时,饲料中的磷脂成分直接影响河蟹磷脂的含量。而对于河蟹来说,磷脂对其脂肪在体内的转运和利用都有很重要的作用,即外源性脂类经肝胰腺的消化、吸收,在贮存和转运至其他组织过程中,磷脂的作用极大。蜕壳前河蟹整个体脂中的磷脂含量增加,主要是肌肉组织和其他组织磷脂的增加。由于磷脂是膜结构的主要组成成分,其含量和组成对膜的韧性、流动性等影响极大,所以体脂中磷脂含量的增加对河蟹顺利完成蜕壳至关重要。池塘养殖条件下,如果缺乏磷脂,在早期可能影响肌肉组织的正常生长,因为饲料中磷脂含量对河蟹肌肉组织磷脂的含量有显著影响(肌肉中的脂肪有80%是磷脂)。磷脂缺乏,在肝胰腺中积累的甘油三酯不能及时运出,也影响其他组织对能源物质的利用,造成这些组织的滞育。这些都可能造成中性脂在肝胰腺中过早、过多的积累,从而促使河蟹提早蜕壳。缺乏磷脂,也可能影响膜组织的柔韧性,所以在蜕壳以后其组织的伸展性较小。加上提早蜕壳缩短了蟹的增长,所以与正常发育的蟹相比,早熟蟹的规格都比较小。

一般认为,在饲料中添加一定量的磷脂可提高仔蟹的成活率和加速其蜕壳,饲料中适宜的添加量为 $1\%\sim1.5\%$。

饲料中蛋白质与磷脂的配比不当,如蛋白质含量过高和营养过剩,由于磷脂的缺乏,可能造成吸收的蛋白质转换为组织蛋白的效率降低,不得不将多余的蛋白质转换为脂肪在肝胰腺中贮存,肝胰腺的贮存脂肪在短时期内显著升高,从而引起提早蜕壳。

胆固醇为性激素、蜕壳激素、肾上腺皮质激素、胆汁酸和维生素 D 的前体,也是生物膜脂类的组分之一,具有重要的生理功能。由于河蟹自身不能合成胆固醇,因此若不能及时从饲料中摄取,便会影响河蟹的蜕壳、生殖等生理活动。像其他脂类一样,外源性胆固醇也主要在肝胰腺中吸收。在卵巢快速发育阶段,外源性胆固醇被及时运出肝胰腺,由血淋巴运输到正在发育的卵巢中,因此肝胰腺中胆固醇含量很少,而卵巢中含量较高。胆固醇的存在对胚胎发育及幼体生长都有重要作用。

(四)碳水化合物

碳水化合物可以作为主要的能源物质,并且能够节约蛋白质。在神经代谢中也起着非常重要的作用,因为中枢神经只能利用血糖作为代谢物质。有研究表明,以成活率为指标,河蟹蚤状幼体饲料中碳水化合物的适宜含量为 20%;体重为 $0.09\sim0.1$ 克的幼蟹饲料中,碳水化合物适宜含量为 31%。

粗纤维一般不能被河蟹所利用,但却是维持河蟹健康所必需的。适量的粗纤维可刺激消化酶的分泌,促进消化道蠕动和对蛋白质等营养物质的消化吸收。适宜的粗纤维含量是:幼体至幼蟹期为 $4\%\sim5\%$,养成期为 $6\%\sim7\%$。

(五)维生素

维生素是维持河蟹正常生理功能必需的营养素。实际上河蟹对维生素的需求量受种类、发育阶段、生理状态、饲料组成和品质、环境因素以及营养素间的相互关系等影响,较难准确地确定。

由于蜕壳的生理特性和生长的特殊要求,河蟹对维生素、胆碱和肌醇的需要量较高。维生素 C 在河蟹体内能参与几丁质的合成,使甲壳正常硬化,提高蜕壳成活率和生长速度,并能提高河蟹的抗病能力;维生素 D_3 对促进钙、磷在肠中的吸收以及在骨骼中的沉积具有重要作用。维生素在制粒过程中易受高温破坏,因此最好采用喷涂添加的方法。

维生素在河蟹配合饲料中的日常用量见表 4-1。

表 4-1　河蟹配合饲料中维生素的日常用量

品　种	用量(毫克/100 克饲料)	品　种	用量(毫克/100 克饲料)
维生素 A	1100 单位	维生素 B_{12}	0.01
维生素 D_3	600 单位	维生素 K_3	0.4
维生素 E	3	烟　酸	4.5
维生素 B_1	0.8	泛　酸	3.5
维生素 B_2	0.9	维生素 C	45
维生素 B_6	1.5	肌　醇	13

(六)矿物质

河蟹的生长伴随着蜕壳而实现,每一次正常的蜕壳可使蟹体质量增加 20% 以上,而任何一次实现不了的蜕壳都将导致蟹体的死亡。蜕壳活动的实现,须依赖于良好的营养积累、健康状况和由磷脂协助转换的蜕壳激素。蟹壳的主要成分为钙、磷等矿物质,由于蜕壳常常失去许多矿物质,因此饲料中的钙和磷对河蟹的生长起着十分重要的作用。钙是构成体壳的主要物质,并参与肌肉功能、神经传递、调节渗透压、酶促反应等重要的生理过程。

钙离子除了构成蟹体外壳外,还是多种酶的激活剂,对激素、神经和肌肉的正常功能起着很重要的作用。饲料中钙对蟹体生长的影响主要是通过对蛋白质效率的影响来实现的。

磷是蛋白质、核酸和磷酸等许多生物活性物质的重要组成成分。河蟹对饲料中的磷有很大的依赖性,磷含量过低时直接影响蟹体的蜕壳活动和生长。在生产实践中,配合饲料中钙和磷的含量,幼蟹期以前钙为 1.5%~2%,磷为 1.8%~2.5%,钙、磷比约为 1:1.2;成蟹期钙为 1.2%~2%,磷为 1%~1.8%,钙、磷比约为 1:0.9。

矿物质在河蟹配合饲料中的日常用量见表 4-2。

表 4-2　　河蟹配合饲料中矿物质的日常用量

品　种	用量(毫克/100 克饲料)	品　种	用量(毫克/100 克饲料)
铁	8	碘	0.02
铜	0.3	硒	0.02
锌	3.5	钴	0.03
锰	2.6	镁	12

根据试验、改进,河蟹各生长阶段较适宜的营养需求见表4-3。

表 4-3　　河蟹不同生长阶段的营养需求　　(%)

饲料类型	粗蛋白质	粗脂肪	粗纤维	粗灰分	钙	磷	水　分
蚤状幼体	≥45	7~8	≤4	15	1.5~2	1.8~2.5	≤11
幼蟹期	≥42	6~7	≤5	16	1.5~2	1.8~2.5	≤11

续表 4-3

饲料类型	粗蛋白质	粗脂肪	粗纤维	粗灰分	钙	磷	水 分
养成前期	≥36	5～6	≤6	17	1.5～2	1.2～2	≤11
养成中期	≥28	3～4	≤7	17	1.5～2	1～1.8	≤11
养成后期	≥33	4～5	≤7	17	1.5～2	1～1.8	≤11

二、河蟹饲料的种类及人工配合饲料的配制方法

(一)河蟹饲料的种类

1. 天然饵料　凡是河蟹喜食的、自然生长在水中和陆地上的各种生物,均称为天然饵料。主要有浮游植物、水生植物、底栖动物和陆生动植物等。

(1)浮游植物　包括硅藻、金藻、甲藻、裸藻、绿藻等,是早期幼蟹和浮游动物的饲料。

(2)浮游动物　轮虫、枝角类、桡足类等,是河蟹的好饲料。

(3)水生植物　包括伊乐藻、苦草、轮叶黑藻、菹草、马来眼子菜、芜萍、浮萍、水浮莲、水花生、金丝草等,是河蟹的主要天然饵料。

(4)底栖动物　水域中的螺、蚬、河蚌、水蚯蚓等是河蟹的上佳饲料。

(5)陆生动植物　包括黄粉虫、蚯蚓及黑麦草、狼尾草、聚合草等。

2. 植物性饲料　主要包括黄豆、豆饼、菜籽饼、棉籽饼、麦类、米糠、豆渣、酒糟、酱渣、花生饼等。

3. 动物性饲料　主要有螺蛳、蚬、河蚌、蚕蛹、黄粉虫、蚯蚓、小杂鱼、蝇蛆、畜禽内脏等。

4. 人工配合饲料 是河蟹集约化、规模化和产业化养殖的物质基础,安全性、环保性和高效性是配合饲料的基本要求。河蟹配合饲料除必须满足河蟹对蛋白质、脂类、碳水化合物和能量的需求外,更重要的是要能满足其对氨基酸、脂肪酸、维生素和矿物质的营养需求。同时,适量使用黏合剂、诱食剂、促长剂(蜕壳素),并充分考虑各生长阶段的营养需求及摄食习性,研制出适口性、营养性、消化性、稳定性和诱食性良好的系列高效环保型配合饲料,以推进河蟹健康养殖的持续发展。河蟹配合饲料大体可以分为河蟹幼体用的微粒饲料、微囊饲料以及幼蟹、成蟹系列配合饲料等。

(二)河蟹人工配合饲料的配制方法

1. 河蟹营养标准的确定及配方设计 根据河蟹营养需求研究成果、机体生化成分及其喜食饲料的营养分析,确定河蟹配合饲料的营养标准,并依据河蟹的营养标准以及原料的营养特性,设计并优化系列饲料配方。

2. 原料的选择 河蟹的消化器官分化简单且较短,消化腺不发达,各种消化酶因体温低活性均不高,肠道中具有消化作用的细菌种类和数量均较少,食物在消化道中停留时间短,消化吸收能力远不如畜禽,基本上不能消化粗纤维。由于河蟹缺少把碳水化合物、脂肪转化成蛋白质的能力,因此对饲料蛋白质的需要量较高,饲料蛋白质水平、动物性和植物性蛋白质的比例都直接影响河蟹的采食量、生长速度和饲料利用率。河蟹和鱼类一样属变温动物,体温随水温变化而变化。蛋白质代谢的废弃产物为氨氮,这种代谢形式比畜禽代谢废物主要是尿素和尿酸消耗能量少得多。同时,由于水的浮力大,河蟹在水中保持身体平衡所消耗的能量远比畜禽低,河蟹生长所需能量约为畜禽的50%。因此,河蟹利用的基本上是蛋白质,所以又称河蟹饲料为蛋白饲料,这与畜禽饲料有较大差别。河蟹利用碳水化合物的能力比鱼类还要低得多,饲料中碳水化合物的含量以不超过 20％为宜。河蟹外壳的 20％～30％是含氮的多糖几丁质,40％～50％为碳酸钙和磷酸钙。因其生长过程的周期性蜕壳,所以河蟹对钙和磷的需求量较高。在不同的生长阶段,河蟹饲料原料的选择和配制的饲料营养水平都有所不同。表 4-4 列举了常用于河蟹饲料的主要原料在饲料配方中的适当比例及营养特点。

表 4-4　河蟹饲料主要原料在配方中的使用比例及其营养特点

饲料原料	用量范围(％)	常用比例/(％)	营养特点
鱼　粉	2～100	20	氨基酸较平衡,含未知生长因子
血　粉	2～10	5	氨基酸平衡较差,异亮氨酸含量低
豆　粕	2～35	25	较优的植物性蛋白质饲料,蛋氨酸含量较低,含胰蛋白酶抑制因子
菜籽粕	0～20	15	含硫葡萄糖苷类化合物、单宁等有害物质,适口性差
棉籽粕	0～25	25	赖氨酸、蛋氨酸含量较低,含棉酚等有害物质
花生粕	2～25	20	赖氨酸、蛋氨酸含量较低,含胰蛋白酶抑制因子
面　筋	4～20	12	氨基酸不平衡,有较好的黏结性
玉米蛋白粉	5～15	6	氨基酸不平衡,赖氨酸、蛋氨酸、色氨酸含量低
肉骨粉	5～25	9	蛋氨酸、酪氨酸含量低,有时灰分、沙门氏菌含量较高
乌贼粉	2～100	8	氨基酸较平衡,含未知生长因子,具诱食作用

续表 4-4

饲料原料	用量范围（%）	常用比例（%）	营养特点
酵母粉	5～25	7	蛋氨酸含量较低，某些品种适口性差
玉米粉	3～5	25	能量饲料，黏性较差，有时含黄曲霉毒素
小麦粉	2～25	15～25	能量饲料，有较好的黏结性
麸　皮	7～30	12	纤维素含量高，富含 B 族维生素
米　糠	3～30	20	纤维素含量高，脂肪和脂肪酸极易氧化、酸败
虾壳粉	2～15	6	富含几丁质、钙、磷和虾蟹所需的色素
沸石粉	0.5～3	2	具有较好的吸附能力，富含多种有益的离子

3. 原料粉碎粒度　河蟹在其嘴部外有颚，颚能将饲料破碎成较小的碎块然后再送入口中。因此，河蟹吃入口内的饲料要比整粒饲料或碎粒小得多，而同等大小的鱼却能将这种饲料颗粒或碎粒吞进去。为保证所有的饲料颗粒或碎粒中营养成分一致，饲料微粒粒度尽可能均匀一致是非常重要的。由于河蟹个体较小，所消耗的饲料量也少，因此更需要保证每一饲料颗粒内的营养尽可能均匀平衡。河蟹消化器官简单，消化道长与体长之比要比畜禽小得多。研究表明，饲料原料的微粒粒度与河蟹对饲料的利用率之间有很大关系。因此，在饲料加工中，河蟹饲料原料要求具有更细的粉碎粒度。通常情况下，普通鱼饲料的原料细度要求全部通过 40 目筛，而河蟹饲料则要求 95％以上通过 80 目（177 微米）筛。较细的粉碎粒度有利于提高河蟹对营养物质的消化吸收，也有利于提高饲料的混合均匀性和颗粒成型率，提高饲料颗粒在水中的

稳定性。

4. 饲料生产中原料的混合要求　饲料生产过程中各种原料混合均匀与否直接影响饲料的质量,如果所有的原料不能混合完全,就不能获得营养平衡的饲料。影响饲料混合均匀度的因素除混合机的类型和混合时间外,还有一个常常被忽视但非常重要的因素,即饲料生产中原料的添加顺序。当河蟹饲料配方中含有含水量较高的饲料原料或添加油脂之类的原料时,各种原料的添加顺序对饲料的混合均匀度至关重要。当向混合机中添加原料时,量越小的成分越应该后添加。若先添加微量成分,它们就可能落到缝隙或混合机的死角等处,而不能进入最终的混合物中。这样,不仅损失了微量成分,也会造成饲料营养的不平衡,而且还会污染下一批饲料。在饲料原料混合物中加入黏合剂时应注意不能让脂肪和油脂之类的原料将黏合剂包裹起来,以免使之失去黏结作用,让这些黏合剂吸收水分或蒸汽,以激发它们的活性是非常重要的。在油脂或液体添加之前,所有的干原料一定要先混合好,然后再将油脂或其他液体喷在上面,再次进行混合。含有液体的饲料需较长时间的混合,目的是保证液体的均匀分布并将可能形成的所有脂肪球都打碎。如需要添加潮湿原料,则应最后添加,否则潮湿原料可造成物料结块,从而无法把饲料原料混合均匀。

5. 饲料加工工艺的制定　根据河蟹的摄食习性及原料的加工特性,制定并改进饲料加工工艺。一般采取如下工艺:原料的筛选和合理配比→微粉碎→调配→混合→调质→制粒→冷却与干燥→包装。由于河蟹独特的摄食习性,可以开发沉性膨化颗粒饲料,以提高饲料利用率,但这对饲料加工设备和工艺均有较高的要求。

6. 提高河蟹饲料在水中的稳定性　河蟹利用 2 只大螯抱食,因此要求河蟹饲料在水中的溶散时间必须在 2.5 小时以上。要达到这个目的,可采取下列措施提高河蟹配合饲料在水中的稳定性:

一是注意增加含淀粉多的原料,如次粉、小麦等的用量;二是添加非营养性的专用黏合剂;三是改进加工工艺。河蟹饲料需要较高的糊化度和水中稳定性,为此一要加大环模的压缩比,可在 20 以上;二要采用三级调质器,调质温度在 90℃以上,充分调质使淀粉糊化、蛋白质变性,提高饲料的可消化性和耐水性。另外,可采用后熟化工艺,让刚出模的热颗粒在高温、高湿下持续一段时间,使淀粉进一步糊化,经过后熟化的颗粒饲料可提高耐水性。河蟹饲料在生产实践应用中已经取得了良好的效果,相信不断完善后的河蟹系列配合饲料的大批量应用将会有力地推进河蟹规模化健康养殖的进程。

7. 添加饲料添加剂 河蟹饲料除了为提高在水中的稳定性而使用黏合剂外,还需要为刺激河蟹食欲、提高采食量、促进生长而使用诱食剂。为防止油脂氧化还需要使用抗氧化剂。河蟹摄食量没有鱼类大,批次投喂量相对较小,饲料需要保存的时间较长。为了防止霉变,除了在高温多雨季节要添加防霉剂外,还需将饲料水分控制在 11% 以内。

总的来说,为了满足河蟹的生长和生理需要,河蟹饲料不但要营养全面均衡,其配制方法和过程也十分关键。其中不仅要考虑如何选用新鲜、活性好的原料,最大限度地保证各种养分的含量满足河蟹的需要,还要根据河蟹的生理、生长特点和生长阶段的不同,研制不同类型的配合饲料,并要考虑如何满足其摄食特点等。

第五章　天然蟹苗的捕捞、运输和放养

　　河蟹苗在我国分布很广,北起辽宁省的辽河口,南至福建省的九龙江,沿海各地区和通海的河口区都有它们的自然分布。其中以辽河、海河、长江、钱塘江、瓯江、鳌江、闽江等大江的河口较多,珠江口蟹苗产区可能正在由移植至广州湾的河蟹种群逐渐形成。

　　长江河口区因其上游江段遍布众多的江河湖泊,为河蟹优良的栖居场所,亲蟹群体丰厚,历来是我国最大产苗基地。长江口区主要的蟹苗产地是崇明岛、启东、海门、太仓、常熟等沿江、海的闸口。其中以上海市崇明岛产苗量最多,1969～1984年共产蟹苗28.7万千克,平均年产1.8万千克,主要分布在崇明岛的北面沿海。但是近年来长江口区天然蟹苗产量锐减,据初步分析,可能与亲蟹洄游数量减少、河蟹天然繁殖场环境条件(如潮汐、盐度、温度、风向、降水量)变化、工业废水严重污染以及人为大量捕捉抱卵蟹等因素有关。

一、蟹苗的捕捞

(一)汛　期

　　大眼幼体(蟹苗)在江、河口集中并大量出现的时期,称为蟹苗汛期。蟹苗汛期的特点是苗汛时间短,每汛旺发高峰期仅2～3天。我国各蟹苗产区蟹苗的汛期一般在5月中旬至7月中旬,南方的闽江口、瓯江口要早些,北方的辽河口、海河口要迟些。根据历年对各主要产苗区蟹苗汛期的调查,其蟹苗汛期的时间见表5-1。

表 5-1　我国各主要蟹苗产区的蟹苗汛期

地　点	蟹苗汛期	海区月平均水温	
		月　份	水温(℃)
闽江口	5月中旬至6月初	5	19.8
瓯江口	5月中旬至6月初	5	18.9
钱塘江口	5月中旬至6月下旬	5	19.5
长江口	5月中旬至6月下旬	5	20.3
海河口	6月下旬至7月初	6	22.9
辽河口	6月下旬至7月中旬	6	21.5

　　每年蟹苗汛期的具体旺发时间以及蟹苗出现的数量,主要受水温、盐度、潮汐、江河流量、流速、流向、各水闸排水量、风向、风力以及地理位置等诸多因素的影响。因此,要采捕大量的蟹苗,必须掌握蟹苗在河口地区形成苗汛的规律,根据历年蟹苗的汛期及当年的环境条件加以分析,做好蟹苗汛期的预报工作。

　　(二)捕捞地点、工具和方法

　　1. 捕捞地点　蟹苗在前期的游泳能力较弱,被海流带到岸边,由于蟹苗的溯淡水习性,而沿岸的水流缓慢、盐度低、水温高、饲料丰富,有利于它们的栖息和生活,所以蟹苗上溯入江后,多栖息于岸边的水表层。因此,江河沿岸的水闸处就成为捕捞蟹苗的主要地点。

　　2. 捕捞工具和方法　捕捞天然蟹苗的工具是由聚氯乙烯或聚乙烯网布做成的长柄捞海,或用三角抄网(图 5-1)和拖网、定置张网等,网目为 0.2 厘米左右。

　　捕捞蟹苗时可在岸边捕捞,也可用船作业。在岸上捕捞时还可以利用蟹苗的趋光反应,使用灯光诱集法,增加捕苗量。

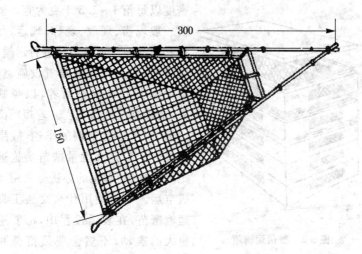

图 5-1 三角抄网 （单位:厘米）

二、蟹苗的运输

　　蟹苗运输有干法运输和湿法运输 2 种方法。干法运输,是指采用木板制成嵌有塑料窗纱的蟹苗箱(图 5-2),在运输过程中保持一定湿度的一种运苗方法;湿法运输,是指采用塑料袋加水、放苗、密封充氧的运输方法。目前生产上运输蟹苗时大多采用干法运输。

　　干法运输时,蟹苗运输箱的规格一般为长 65 厘米、宽 45 厘米、高 10 厘米,用木板和窗纱制成。箱的四边各开一长方形(15厘米×3.5 厘米)气窗,箱底和气窗各用网目为 1 毫米的塑料窗纱密封。每 5 只运输箱合成 1 组,最上层加盖,装苗后用绳捆住即可启运。运苗箱的木板,一般以杉木为好,可避免箱体受潮后变形,导致箱口重叠处不易密接、缝隙过大而逃苗。蟹苗运输箱的装苗

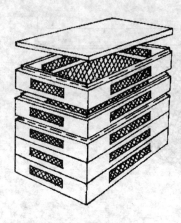

图 5-2 蟹苗运输箱

密度以每箱 1～1.5 千克为宜。蟹苗一般现捞、现收、现称、现运,尽量利用夜间气温较低时进行运输。运输前,若无完善的增氧设施,切忌把蟹苗放在水中暂养,以免缺氧,造成蟹苗大量死亡。若短距离运输,使用带有空调的车辆,效果也较好。若是大批量蟹苗实施远距离运输,较理想的办法是采用飞机空运。无论使用什么交通工具运输蟹苗,在装运过程中,都要避免大的震动,不然会使蟹苗脚脱落,造成死亡。蟹苗汛期,尤其是后期,正值黄梅季节,天气闷热,有时气温超过 30℃,在运输过程中,要适当使用喷雾器洒水,使蟹苗箱内保持湿润,但喷雾器质量一定要好,并要多准备几只。喷出的水一定要呈雾状,绝不能是水珠。晴天高温时,一般每隔 2 小时喷水 1 次。如果是阴天,每隔 4 小时应喷水 1 次。喷水的数量要适度,过湿不仅影响蟹苗箱的透气性,还会造成蟹苗脚被水粘牢,引起蟹苗死亡。

在蟹苗体质健壮、杂质少,运输途中箱内能保持一定湿度的情况下,蟹苗箱运输的成活率还是比较高的。运输时间(蟹苗离水时间)为 24 小时成活率可达 90% 以上,36 小时为 60%～80%,但 48 小时仅达 30%～50%。因此,运输时间应尽量缩短。

湿法运输就是采用塑料袋密封装运蟹苗的方法,即在塑料袋内先注入 3～5 升清洁淡水(或不加水,仅保持袋内湿润),放进少量水草(作为蟹苗的附着物),然后装进蟹苗后充氧、扎口密封,再将密封后的运苗塑料袋放入纸箱,打包启运。采用这样的运输方法,每只 70 厘米×30 厘米的塑料袋可装运蟹苗 0.5 千克左右,运输时间在 10～24 小时,成活率也可达 80％～90％。

三、天然蟹苗的放养

对人工繁殖的蟹苗,要对其进行淡水驯化,盐度不能突然超过
3‰;而对于天然蟹苗,一般运到湖泊、江河等放养水域,就要立即
放养,但要注意温差不能太大,一般以不超过 2℃为宜。放养点应
选择水草丰盛、水质清新、溶氧量高、无污染的水域,把蟹苗均匀分
散到水域的四周。无水草、营养差的水域不宜放养蟹苗。蟹苗暂
养可用水泥池、土池、池塘、网箱等。稻田经过一定的整治,也可暂
养蟹苗,暂养密度根据具体情况而定,一般每 667 米^2 暂养 0.25
千克蟹苗,把蟹苗暂养到 20 000 只/千克左右的规格,不仅能大幅
度地提高蟹苗运输的成活率,而且能成倍地提高蟹苗放养的成活
率。

第六章 河蟹的人工育苗技术

随着河蟹养殖业的迅速发展,天然蟹苗资源已远远不能满足养殖生产的需求,目前河蟹的苗种绝大多数来源于人工育苗。人工育苗就是在人为条件下,促使亲蟹交配、产卵、孵化以及将溞状幼体培育至大眼幼体的过程。

当前我国河蟹人工育苗按照育苗用水可分为天然海水育苗和人工半咸水育苗 2 种方式,前者适于沿海地区,后者适用于内陆地区。人工半咸水工厂化育苗,可为内陆地区就地培育苗种、就地放养提供条件,人工配制的半咸水化学成分比较稳定,同样可在人工控制条件下缩短育苗周期,单位水体的育苗产量也很高。

按照育苗设施可分为室内水泥池工厂化育苗和土池生态育苗 2 种,室内水泥池工厂化育苗可对温度、光照、饲料、水质等进行人工控制,育苗周期短,产量高。土池育苗基建投资少,设施、设备简单,育苗成本低廉,育出的大眼幼体更接近天然苗,是无污染的绿色苗种,生产出的蟹苗质优价高,深得内陆养殖户的喜爱。因此,工厂化育苗逐渐为土池育苗所替代,成为沿海地区河蟹育苗的重点模式之一。

尽管人工繁殖蟹苗的类型、方式等各有不同,但其主要过程都包括亲蟹的培育、运输、越冬、人工催产、抱卵蟹的饲养(幼体孵化)、幼体培育和蟹苗捕捞等技术环节。

一、亲蟹的培育

(一)亲蟹的来源

用于育苗的亲蟹包括未交配产卵的亲蟹和已交配产卵的抱卵蟹。其来源有 3 种:一是从湖泊等淡水水体中捕捉性成熟的绿蟹进行饲养,适时放入海水中促其交配产卵;二是通过池塘等养殖水体,专门选择适宜育苗用的雌雄亲蟹,适时放入海水中促其交配产卵;三是从沿海或河口捕捉抱卵蟹,不需要再经过人工催产,只要经过暂养后,即可直接用来孵化幼体。

(二)亲蟹的选留

选择肢全、壳硬、活泼、体质健壮的青壳蟹。雌蟹体重要求每只在 100 克,雄蟹体重要求在 115 克以上。雌雄比为 2~3:1,选留时间一般在立冬前后(阳历 11 月上旬),根据当地蟹汛的具体情况而定。

对同一池养殖的亲蟹,在选择中,以首批起水的蟹为好,在众多的蟹群内,挑选个体大、肢体完整的河蟹作为育苗用的亲蟹。多次起捕的蟹容易受伤,体质差,而且规格越来越小,不适合选作亲蟹。

在选择亲蟹时,还要注意养殖池周围的水质环境和污染情况。水质的优劣对亲蟹的体质有较大影响。

选留亲蟹时应尽量缩短暂养时间,而且操作过程中要求动作轻快,勿使肢体和蟹体受伤。

(三)亲蟹的运输

当选择和暂养亲蟹的工作基本完成时,就要做好运输准备。

运输工具用蟹笼较好。蟹笼用毛竹制成,呈鼓形,高约 40 厘米,笼腰直径 60 厘米,笼底直径 40 厘米。笼的孔眼大小以使蟹不能外逃为度。运输前,先在笼内衬以潮湿的蒲包,再把蟹轻轻放入蒲包内,力求把蟹体平放,扎紧蒲包,蟹不能爬动,以减少蟹脚脱落及蟹本身体力的消耗。在车辆启动前,把包装好的蟹笼浸于水中数分钟,使蟹鳃腔内保存一些水分,以利于呼吸。同时,亦使亲蟹处于潮湿的环境中。在运输途中,防止风吹、日晒、雨淋,使亲蟹处于潮湿的环境之中,运输以在夜间进行为好,而且要快装、快运。经 1 天左右的运输,成活率可达 95% 以上。

(四)亲蟹的越冬饲养

亲蟹收齐后,为了保证亲蟹顺利越冬和交配产卵,应将收运来的亲蟹放在淡水池塘中精心饲养。

1. 土池饲养　收集亲蟹并运输到目的地后,应将亲蟹放入事先准备好的越冬土池中精心饲养。池塘面积 667 米^2 左右,水深 1 米,一般可放养亲蟹 250～350 千克。散养时,应先清塘,每 667 米^2 用生石灰 75 千克进行消毒。亲蟹暂养池需筑有防逃设施,尤其进、出水口要用防逃网拦好。防逃网可选用密眼铁丝网,网眼大小以亲蟹不能逃出为准。池塘周边的防逃设施,通常采取围插 1 米高的竹箔加上盖网,或用混凝土壁加上"厂"形压口,压口边宽约 20 厘米,这样即可阻止亲蟹攀爬逃跑。散养亲蟹最好雌雄分开。饲养管理的主要工作是投喂、换水、防逃。投喂时间宜在傍晚,便于亲蟹夜间出来觅食。饲料为蛏子及低值贝类、小杂鱼、蚌肉等。应在池四周均匀投放饲料,日投喂量为亲蟹体重的 1%～5%,视摄食状况决定每日投喂量。除投喂外,还要保持水质清新,每 5～7 天换水或加水 1 次。为防止亲蟹外逃,每日检查池塘是否有漏洞,发现问题及时解决。当水温低于 6℃ 以下时,投喂量及换水次数还可减少。

2. 水泥池饲养　放蟹前水泥池先用 100～200 毫克/升漂白粉溶液或 20～40 毫克/升高锰酸钾溶液冲洗消毒。消毒后，用淡水冲洗干净。在池底放些瓦砾或破缸块（4 块/米²），上水口的底部区域铺一层 5～7 厘米厚的黄沙（占池底面积的 1/3～1/2），建成人工蟹洞，作为亲蟹的栖息场所，在水泥池壁上覆一层尼龙薄膜以防亲蟹脚磨损。池深在 1 米以上，水深保持在 70 厘米左右。放养密度为 3～4 只/米²，不宜超过 8 只，密度过高，成活率低。充气时以水面产生微波为宜，溶氧量不低于 4 毫克/升。池内水温保持相对稳定，11 月上旬至 12 月下旬水温逐渐降至 4℃～6℃，翌年 1 月至 2 月中旬保持在 6℃左右，2 月下旬逐渐升至 9℃，3 月上旬达到 11℃～12℃，3 月中旬达到 13℃～14℃，3 月下旬达到 15℃～16℃。每 2～3 天吸污泥 1 次，每 3 天换水 10～30 厘米深。

饲养中的管理工作主要是投喂、换水和防逃。饲料品种较多，有带鱼、小杂鱼、蚌肉、蛏子、蚕蛹、稻谷、大麦、青菜、山芋以及动物尸体等。投喂量可视情况而定，做到尽量满足需要。如果投喂量不足，亲蟹饥饿缺食，就会影响其顺利越冬，提高死亡率。投喂通常在下午 4 时以后，可将切碎的带鱼、青菜等饲料撒投在池周水边。为保持水质清新，每 3～4 天换水 1 次。为防亲蟹外逃，必须每天检查防逃设施是否有漏洞，盖网上是否有蟹被缠绕等。此外，亲蟹的活动和摄食等都与水温密切相关，在 6℃ 以下亲蟹活动和摄食都大大减弱。为此，投喂和换水等措施应相对减少。

水泥池和土池饲养越冬亲蟹的区别在于：土池接近自然的生态环境，亲蟹可自然地打洞隐藏，但必须建造防逃设施，注意经常检查，在管理上简易可行，成活率比较高；水泥池可在人为控制的条件下进行饲养，由于仿造自然生态环境，亲蟹栖息隐藏在人造的洞穴内，面积较小、密度高，容易使河蟹互相格斗，造成肢体损伤。但水质、水温可自由调节，管理上比较规范。成活率相对低于土池越冬。

土池和水泥池均可饲养越冬亲蟹,可因地制宜地选择,但有条件的还是以土池为好。

二、河蟹的人工催产

(一)人工催产的最佳时间

每年 11 月份至翌年 3 月上旬是河蟹产卵交配的盛期。南方与北方因为气候有差异,选择产卵交配时间有所不同。在长江口区及南方区域人工催产的最佳时间以 2 月底至 3 月上旬为宜。人工催产的适宜水温为 $10℃\sim13℃$。时间太早,水温偏低,时间太晚、河蟹性腺将出现退化,都不利于生产。北方地区,因气温、水温偏低,人工催产的时间一般提前在当年 10 月份至 11 月初。催产之后,捕出雄蟹,全部抱卵蟹在土池越冬,到翌年 3 月份气温开始回升时,着手进行孵幼工作。总之,根据我国的气候变化情况,北方一般在秋季进行人工催产,南方一般在春季进行人工催产。

(二)人工海水的配制

在远离海区,没有天然海水的内陆地区,可以按河蟹繁殖的条件来配制人工海水,一般要求是:盐度为 $12‰\sim18‰$,钙含量为 $206\sim296$ 毫克/升,镁含量为 $546\sim648$ 毫克/升,氯化钾含量为 $200\sim400$ 毫克/升,铁含量为 $0.02\sim0.05$ 毫克/升,pH 值为 $7.8\sim8.5$,透明度 1 米左右。安徽某地区人工海水的配方是:每升淡水加食盐 $10\sim14$ 克、氯化钙 0.5 克、硫酸镁 5 克、氯化钾 $0.3\sim0.4$ 克、三氯化铁 0.02 毫克、生石灰 75 毫克。

人工配制的海水,只要化学元素及其含量接近天然海水,均能取得人工催产的成功。

(三)人工催产的具体操作

无论南方或北方,凡催产季节到来期间,将亲蟹按雌雄比为2~3:1配好,然后放进土池或水泥池里,注入海水,盐度逐日增加,让亲蟹转入海水催产过程,对盐度有一个适应的过程。最好盐度掌握在20‰~25‰。或使用人工配制的海水也可。雌雄亲蟹当受到海水盐度刺激之后,马上就拥抱交配,交配后翌日开始陆续见到雌蟹抱卵。如雄蟹放得多,催产时间就较短,一般5~7天即可结束,这时80%以上的雌蟹抱卵。如雄蟹较少,催产时间要延长15~30天。催产之后,将雄蟹全部捞出,只留下雌性抱卵蟹。这时人工催产亲蟹阶段就已经完成。人工催产的目的,主要是取得胚胎同步发育的人工抱卵蟹。

目前,河蟹的人工催产,普遍采用土池或室内水泥池。土池的生态条件更接近于自然界,当蟹的雌雄比例确定之后,注入海水,投入亲蟹,亲蟹能自由自在地交配,一般5~7天即可完成交配。雌蟹80%以上抱卵之后,即将雄蟹取出。抱卵蟹或原地暂养,或转移至室内水泥池暂养,等待孵化。土池催产抱卵量明显高于水泥池催产的抱卵量,而且催产管理简单,催产率与成活率都较高。

室内水泥池催产是在没有土池的情况下采取的另一种方法。它可以观察雌雄亲蟹催产的全过程,以及在人为条件下进行饲养管理。因为水泥池面积较小且密度高,雄蟹经常要与雌蟹格斗,造成肢体损伤,因此每隔2~3天,需将池中海水放掉,将催产后的抱卵蟹取出,另行集中专池饲养,要反复收集数次之后才可完成,操作比较麻烦,催产率与抱卵量均低于土池。

(四)防止抱卵蟹流(早)产的措施

当人工催产后的抱卵蟹进入胚胎发育阶段时,如遇到母蟹体质差、水质恶化、天气变化温差大、暂养孵化水温过高等因素,都将造成胚胎尚未进入蚤状幼体前，卵过早地脱离母体，产生排卵，这种现象称为流产或早产。凡流(早)产的卵属死卵，不能发育为幼体。

在人工育苗孵化过程中，流(早)产现象时有发生，应采取以下措施防止这种现象发生。

第一，选择的亲蟹必须健壮活泼。

第二，要控制好水温。胚胎发育在原肠期前，室内水池水温可比自然水温高出 2℃～3℃；胚胎进入新月形期，水温控制在 16℃；复眼形成至心跳初期，水温控制在 18℃；进入蚤状幼体阶段，水温升至 20℃。也就是说，水温应随胚胎发育而逐步升温，且升温幅度不可过大。

第三，适量投喂鲜活饵料供母蟹摄食，水体要保持清洁，一般 2～3 天换(加)水 1 次，每隔 7 天视水质状况可换池 1 次，为母蟹提供良好的生态环境。

第四，遇到气温突然变化的不正常天气，水温要始终维持相对稳定的状态。

第五，水体盐度正常，水池充气呈微波状，保持周围环境安静。

第六，抱卵蟹暂养期间，操作必须轻、快，避免蟹体损伤和蟹脚脱落。

(五)提高抱卵蟹饲养成活率的措施

无论是人工催产或是天然海区获得的抱卵蟹，均需要专门的培育饲养。抱卵蟹喜欢安静的环境，要求在洞穴或沙堆里过隐藏的生活，夜间出来觅食。根据这种生活习性，水泥池底部最好铺一层 5～7 厘米厚的黄沙，并放些瓦片或碎缸块，提供洞穴和栖息场所。饲养池水质要清新，每隔 1～2 天换水 1 次。在夜间投喂，投喂量以每只蟹吃 0.5～1 只蛏子为度，并交替更换饲料(小杂鱼、沙蚕等)，根据前一天的摄食情况，决定翌日的投喂量。及时清除残饵,防止败坏水质。池内还要用增氧机增氧,并注意盐度的变化,保持恒定的盐度。

抱卵蟹专塘培育期间,也是胚胎发育时期,随着胚胎发育的进程,水温也应随之上升,确保胚胎正常发育。因此,要经常镜检卵的发育状况,并保持一定的水温。

(六)人工抱卵蟹与天然抱卵蟹的区别

人工抱卵蟹是在人为控制的条件下,将暂养池的雌雄亲蟹,通过人工催产之后而得到的抱卵蟹。由于人工抱卵蟹催产时间同步,胚胎发育也同时进行,因此孵化出膜时间比较一致,在生产上可以集中时间,形成较大的规模生产。由于选择的亲蟹体质强壮、规格大,育出的蟹苗纯度和质量较可靠,成为育苗的主要对象。

天然抱卵蟹是在自然海域或沿海闸口附近,由雌雄亲蟹野外自然交配之后而获得的。天然抱卵蟹因交配时间不同步,胚胎发育也不同步,所以孵化出膜的时间也不一致。如果抱卵蟹数量不多的话,就难以形成规模生产。虽然天然抱卵蟹的个体大小有差异,但它们的体质好,成活率也高。

从生产而言,首先要确保足够数量的人工抱卵蟹,再辅以天然抱卵蟹,两者结合起来能发挥更大的生产效益。

沿海养殖专业户,有的从立冬前后逐日收集天然抱卵蟹,用简陋的土池、水泥池等暂养起来。待有相当数量的抱卵蟹之后,全部采用天然抱卵蟹也可获得育苗成功,其规模与效益都是相当可观的。

(七)抱卵蟹的运输

抱卵蟹有天然产的和人工培养的2种。运输抱卵蟹要精心操作,避免损伤卵粒。运输时不宜采用带水运输的办法,可选用蟹笼和蟹苗运输箱运输。蟹笼装用前,笼底铺一层湿的水草,将抱卵蟹分层平放,最上层盖一条湿毛巾。用绳子或铅丝将蟹笼捆紧,使抱卵蟹不能随意爬动。途中每隔 4 小时洒 1 次海水,防止风吹、日晒、雨淋。另一种方法是用蟹苗运输箱装运,箱底衬以海水浸湿的毛巾,然后将抱卵蟹平放在上面,再用湿毛巾盖上,使河蟹不能随意爬动。途中定时泼洒海水,保持湿润。

三、河蟹育苗期的饲料

卤虫卵是河蟹育苗期的主要饲料。卤虫卵的费用占整个育苗生产总成本的 50% 左右,因此本部分主要介绍卤虫的相关内容。

卤虫又名丰年虫、盐水丰年虫,属节肢动物门、甲壳纲、鳃足亚纲、无甲目、盐水丰年虫科,是生活在高盐度水体中(如盐场)的一种小型甲壳动物。育苗所用的卤虫无节幼体是用采集的卤虫冬卵经人工孵化而得到的。卤虫无节幼体作为河蟹苗种的开口饲料,不仅大小适口、营养丰富、易于为河蟹幼体摄食和消化吸收、育苗效果好,而且可做到计划供应,来源不受外界环境的影响,是一种理想的生物饲料,但成本较高。

(一)卤虫的生物学特性及其营养价值

卤虫为典型的超盐水生物,一般幼体的适盐范围为 20‰～100‰,成体的适盐范围更广,为 10‰～120‰。卤虫的生存温度为 $-3℃～42℃$,生长发育的适温范围为 $15℃～28℃$,最适温度为 25℃ 左右。卤虫喜逆水游动,成虫不喜光而幼虫有趋光性。

卤虫为雌雄异体,常见的是雌体。在春、夏季行孤雌生殖产生夏卵(非需精卵),无须受精直接发育为雌虫。秋季环境条件改变则行有性生殖,雌雄交尾后产生冬卵(休眠卵)。冬卵具厚的外壳,呈凹陷的球形,直径 200～280 微米,能适应恶劣环境,可长期保存。卤虫具抱卵习性,一生多次抱卵(一般为 3 次),每次抱卵前蜕壳1次。产出的卵在卵囊内发育,发育至无节幼体阶段离开母体。雌性卤虫每次产卵100～250粒,每个卤虫的寿命为3～6个月。

卤虫属于滤食性动物,适合的饲料颗粒粒径为10～50微米,除采食单细胞藻类和原生动物外,还可采食各种有机物碎屑。

卤虫营养价值高,干卵及成虫含蛋白质57%～60%,脂肪18%,氨基酸、微量元素、维生素、不饱和脂肪酸含量丰富,并含有激素等。这些物质有利于河蟹苗种的生长、发育,提高其抗病力,因此是河蟹优质的饲料。

(二)卤虫冬卵的生物学特性

卤虫冬卵的外层为一厚的卵壳,卵壳内为处于原肠期的胚胎。卵壳分为3层:外层是卵外壳,呈土黄色至咖啡色等不同的颜色,这一层具有物理和机械的保护功能;中间一层称为外皮层,有筛分作用,可阻止大于二氧化碳分子的分子通过;最内一层是胚表皮,为一透明而有弹性的膜。卵壳内为胚胎,一般处于滞育期。这种状态的卤虫处于发育暂时停止的状态,对环境的耐受力很强,耐干燥、低温,对较高的温度也不敏感。当含水量低于10%时可一直保持这种滞育状态,当含水量高于10%且又处于有氧环境中时胚胎便开始代谢活动。干燥的卤虫卵受温度的影响不大,置于$-273℃～60℃$并不影响其孵化率,短时间放置在$60℃～90℃$对孵化率也无影响。卤虫卵完全吸水后对温度则有明显的反应,当温度低于$-18℃$或高于$40℃$时就可导致胚胎死亡。在$-18℃～4℃$及$32℃～40℃$时胚胎不会死亡,但可停止活动,这种停止是可逆的。但长时间放置会降低卤虫卵的孵化率。

(三)卤虫卵的来源

目前,卤虫卵产品有许多品牌,有中国、美国、加拿大、巴西、阿根廷、墨西哥、秘鲁、印度、伊朗、以色列、澳大利亚、法国、意大利等

20多个国家的不同地理品系。不同产地、不同品系的卤虫卵品质不同。很多数据表明,不同产地的卤虫无节幼体,对于各种饲养动物并不都是合适的。但总的来看,以法国的拉瓦尔、巴西的马考、意大利的马格里培、美国的加利福尼亚州旧金山湾、澳大利亚的沙克湾和我国天津等地出产的卤虫卵品质较优。在实际应用中,应经过试用和比较,从而使卤虫卵的养殖效益达到其最佳的效果。

我国沿海的盐田和内陆盐湖幅员辽阔,卤虫资源丰富,但我国卤虫卵的应用开发工作起步较晚,我国水产养殖业需用的卤虫卵大多依赖进口,每年耗资上千万美元。20世纪80年代起开始在沿海地区进行卤虫卵的加工工作,并有产品出口。但因设备、工艺等原因,卤虫卵的质量不如进口的名牌产品稳定,尚没有自己的名牌。一段时期以来国内外盛传我国卤虫卵具有孵化率低、孵化时间长且不整齐、杂质含量高、初孵幼体较大等缺点,然而近年来的研究表明,事实并不尽如此,除我国卤虫卵的原料来源背景复杂、原料的杂质含量较高、不同产地的卤虫卵生物学特性有所差异外,我国卤虫卵的营养价值并不比进口卤虫卵差,某些地理品系卤虫卵的主要营养成分指标还优于进口卤虫卵,经适当加工后,孵化出来的无节幼体质量亦不成问题。

(四)卤虫卵的质量评价

随着水产养殖业的发展,大规模育苗生产对卤虫卵的需求量逐年增多。不同品系、不同产地的卤虫卵作为鱼虾幼体的饲料,其使用效果也不同。为避免因卤虫卵质量不佳而影响育苗效果,对卤虫卵的质量鉴别必须十分重视。

1. 营养价值 不同产地的卤虫卵,其饲料效果并不相同。产自法国拉瓦尔、巴西马考、意大利马格里培、美国加利福尼亚州旧金山湾、澳大利亚沙克湾和我国天津的卤虫卵,一般而言饲料效果均较好。主要原因之一是这些品系的营养成分比较均衡,适合于投喂对象的生长、发育和繁殖。尤其是卤虫无节幼体的大小和长链高度不饱和脂肪酸的含量等,能满足河蟹蚤状幼体的需要。

2. 孵化质量　不同品系的卤虫卵,其卵的孵化质量亦有所不同,而收获方法、虫卵加工、贮藏时间和条件以及孵化环境等也影响孵化质量。衡量孵化质量的主要标准有如下几项。

(1)孵化率　指每100粒卤虫卵所能孵化出的无节幼体的只数,以百分比表示,孵化率越高越好。市售优质卤虫卵的孵化率可达90%以上。但孵化率不能表示杂质及空壳含量。

(2)孵化效率　指每克卤虫卵所能孵化出的无节幼体的只数。卤虫卵的最高孵化效率可达30万只/克。这个数值能表示出虫卵的孵出情况和杂质含量,但不能表示无节幼体的大小和重量。

(3)孵化量　指每克卤虫卵所能孵化出的无节幼体总干重(毫克)。卤虫卵的最高孵化量可达600毫克干重/克干虫卵。孵化量是最可靠的一种卤虫卵质量评价方法,但测定的过程比较费时、费力。

(4)孵化速度　这个数值是表示卤虫卵孵化快慢和孵化同步性的。在25℃时,天然卤虫卵得到的最佳孵化速度是15小时开始出现无节幼体,而后的5小时内有90%的无节幼体孵出。根据孵化速度可以计算出何时进行初孵幼体的收集,以便得到含有高能量的无节幼体。

3. 个体大小　卤虫卵及无节幼体的大小直接关系到是否能被鱼虾幼体摄食,是决定饲料效果的因子之一。不同产地卤虫卵孵出的无节幼体,个体大小不一(刚孵出的卤虫无节幼体体长小的只有0.41毫米,大的可达0.52毫米左右),根据养殖对象使用不同卵径的虫卵可节省饲料,从而提高育苗质量,并可降低成本。

4. 商品卤虫的物理鉴别

(1)触摸　对于湿卵,以手摸能散开,无冰晶,水分在40%左右为好。干卵以干燥度高、分散度佳为好。

（2）嗅闻　以无臭味的卤虫卵质量较好。

（3）肉眼观察　颗粒大小应均匀、颜色一致、无杂质。

（4）镜检　进一步观察大小、杂质、空壳多少，同时还要看是否有凹陷(有凹陷好)。随机取样,取少量卤虫卵均匀放在载玻片上,用光学显微镜观察,优质虫卵像踩瘪的乒乓球,而圆形的卵则为湿卵或空卵。

观察卵壳外的附着物有无结晶物。质量好的卵,卵壳外没有或极少有结晶物或其他杂质;若结晶物和杂质多,说明卵捞起后未经清洗或沉淀处理。卵的破损率和卵质量成反比,破损率越高,则卵质量越差。鲜卵的破损率很低,而陈卵的破损率较高。卵径较小、大小一致,则卵的质量好;如果卵径大小不一,则为未经处理的鲜卵。

（5）燃烧测定　一般好的卤虫卵在火上燃一下均会产生小的水滴。因而在鉴定时,可以在载玻片上放一些虫卵,并用火烧,看产生的小水滴数是否和卵粒数差不多。

5. 我国关于卤虫卵的国家标准　可参考表 6-1 和表 6-2。

表 6-1　中华人民共和国水产行业标准 SC/T 2001—94(卤虫卵)

项　目	指　标
色　泽	棕黄色、黄褐色、灰褐色,有光泽
气　味	无霉臭气味
手　感	松散,无粘连、无潮湿感
形态(镜检,20～30倍)	卵的一端凹陷,呈半球形。卵壳表面光滑,无异物附着,偶见(或少见)卵破裂、卵壳和其他杂质颗粒等

表 6-2 卤虫卵的质量分级标准
（中华人民共和国水产行业标准 SC/T 2001—94）

项　目	指标				
	一　级	二　级	三　级	四　级	五　级
杂质（%）	≤1	≤3	≤6	≤12	≤20
孵化率（%）	≥90	≥80	≥70	≥50	30～50
水分（%）		2～8			<12

（五）卤虫卵的贮存

购买回来的卤虫卵或者当年没有用完的卤虫卵需要贮存一段时间，使其生命活动处于停滞状态，在贮存过程中不能启动虫卵的孵化生理。常用的方法有以下几种。

1. 干燥贮存　使卤虫卵含水量保持在 9% 以下。

2. 真空贮存　真空是为了减少氧气的存在，长期保存时常与干燥法结合使用。

3. 饱和卤水贮存　贮存的同时有终止虫卵滞育的作用。

4. 低温贮存　干燥和浸泡在卤水中的虫卵都可用低温贮存。完全吸水的虫卵也可在 −18℃ 的冷库中贮存。

（六）卤虫卵的孵化

卤虫卵的孵化一般在河蟹育苗温室内，利用室内孵化桶（图6-1）或孵化池充气后进行孵化。最好选择高 50 厘米左右，面积为 1 米² 以下的孵化桶或池。孵化桶以硬塑料桶为最好，铁质的孵化桶易生锈（因为海水盐浓度较大），木制的易腐烂且笨重。孵化桶或池的面积和高度很重要，因为面积不合适，卤虫卵有可能因堆积而缺氧死亡。水深在 50 厘米左右，能保证其全面接受光照。

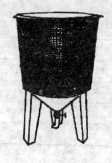

孵化率除了与卤虫卵的质量有关外，还与孵化因子有关。影响孵化的主要因素包括以下几方面。

一是温度。孵化水温要维持在 25℃～30℃，水温太低无法孵出，太高则会使卵死亡，最好控制在 28℃。25℃以下时，孵化时间延长；33℃以上时，过高的温度会使胚胎发育停止。孵化过程中最好保持恒温，以保持孵化的同步进行。

图 6-1 卤虫卵孵化桶

二是盐度。卤虫卵在天然海水甚至在盐度为 100‰ 的卤水中都能孵化。盐度越高，卵要破壳所需甘油越多，这样会减少幼体体内的能量。一般在较淡的海水中孵化率较高，常用盐度为 20‰～30‰ 的海水。盐度太低，出苗率也很低。

三是 pH 值。pH 值低于 8 或高于 9，孵化酶活性就会下降，影响卵的孵化。在每升水体中，添加 1 克工业用碳酸氢钠作为缓冲剂，就可以将 pH 值稳定在 8～9，使孵化酶保持最大活性。

四是充气和溶解氧。在孵化桶的底部放置足够的气石，孵化过程中需连续充气，使水体翻滚，保持卵的悬浮状态。若有沉底卵，则孵化率下降。将溶解氧保持在 2 毫克/升以上的水平可得到最佳的孵化效果。

若充气量过大，水面会产生泡沫，幼体进入便会死亡，因此充气量不可太大。若泡沫太多，可每立方米水体加入 8 毫升豆油或玉米油消除泡沫。

五是放卵密度。优质虫卵（孵化率 85% 以上）的密度一般不超过 5 克干重/升。密度过大时要增大充气量，但充气量过大会使幼虫受到机械损伤，产生的泡沫能黏附虫卵，对孵化不利。在大规模的生产中，孵化密度以 3～5 克卵/升为宜。

六是光照。要获得高孵化率，光线也很重要。特别在孵化开始的 3 小时内最需要光线,12 小时后光照影响变小。虫卵用淡水浸泡充分吸水后 1 小时内的光照对提高孵化率是非常重要的。一般 2 000 勒的光照即能取得最佳效果。孵化时常采用人工光照,在每个孵化桶上方 20 厘米处设 1 只 200 瓦的白炽灯即可。

卤虫卵在孵化前常用淡水浸泡 1 小时至数小时,使虫卵充分吸水,以加快孵化速度。卵由凹陷形吸水变为圆球形,卵中的碳水化合物与氧结合形成甘油,甘油促使继续吸水,直至卵壳爆裂。为了杀灭虫卵表面黏附的细菌,孵化前要对虫卵进行消毒,一般用 0.8%～1.2% 甲醛溶液浸泡 10～15 分钟,或用 100～200 毫克/升漂白粉溶液充气浸泡 30 分钟,然后用沙滤海水冲洗 5 分钟,便可进行孵化。

冬卵放入海水 12～14 小时后卵壳破裂、胚胎出现,再经 4～6 小时胚胎会依附于卵壳悬附(俗称挂灯笼),然后胚衣破裂,卤虫无节幼体孵出游动,孵化过程结束。

另外,在孵化过程中还应注意以下事项:出苗的时间要与蟹苗开口时间一致,一般在室内 32 小时基本出完苗。孵化出的卤虫无节幼体应在孵化出 1 天内喂完,否则大部分会因没有摄食适口饲料而死亡。因此,在蟹苗开口前 36 小时孵化最佳。

在孵化过程中应有专人看守,注意观察卵不要堆积,有无充氧死角,检查温度和 pH 值是否正常等。

(七)无节幼体的收集与分离

在 28℃ 条件下,一般 30～40 小时孵化结束,结束后要将卤虫无节幼体从孵化容器内收集起来。首先把充气管从孵化器下拔出,在孵化器顶上覆盖一块黑布,使缸内呈黑暗状态,这样空壳会浮上水面,死卵将沉至底部,幼体也会慢慢游至底部,同时逐渐变得无力并缺氧。在底部放一盏诱虫灯会促进幼体尽快游向底部,10～15 分钟后通过底阀放出无节幼体和死卵。此过程应尽量避免混入空壳。无节幼体收集起来后,还需要将混入的空壳和未孵化的卤虫卵分离出去,否则空壳和未孵化卵被蟹苗吞食能引起大批死亡。分离方法有多种,通常使用趋光分离方法,就是利用趋光性分离卤虫无节幼体。此种分离方法可在各种玻璃容器中进行,一般以长方形的玻璃水族箱比较经济实用。其分离步骤如下。

将水族箱放置在高度为 60 厘米左右的桌上或水泥台上,加过滤海水至水深 40 厘米左右。

将从孵化器内收集起来的无节幼体、卵壳和未孵化卵的混合物移到该水族箱内,充气 5 分钟。

用黑布罩住水族箱,在水族箱的一角开一小孔,并在距该孔 10 厘米处放 1 只 100 瓦灯泡,静置可见无节幼体趋光不断向此处集中。

5～10 分钟后空壳上浮到水面,未孵化卵下沉到箱底。此时开始虹吸集中到光亮处的无节幼体于一充气的桶内。虹吸时每次只能吸出少量的水,片刻后无节幼体又集中过来时再吸 1 次,不断重复这一过程直到分离结束。在分离过程如发现卤虫有缺氧现象,应立即停止分离,待充气增氧后再继续分离。

(八)卤虫卵的去壳处理

由于卤虫无节幼体与未孵化卵和卵壳的分离过程较为麻烦,且一般也很难完全分离,投喂时就不可避免地将卵壳和未孵化卵一起投到育苗池中,这些卵壳和未孵化的卵一方面会因腐烂或带有细菌而引起水体污染或导致病害,另一方面河蟹幼体会因吞食卵壳和未孵化卵而引起肠梗塞甚至死亡。这个问题可用卤虫卵去壳来解决,即用化学方法除去虫卵的咖啡色外壳而不影响胚胎的活力。

1. 吸水 卤虫卵吸水膨胀后呈圆球形,有利于去壳。一般是在 25℃淡水或海水中浸泡 1～2 小时。

2. 配制去壳溶液和去壳　卤虫卵卵壳的主要成分是脂蛋白和正铁血红素,去壳的原理就是利用次氯酸钠或次氯酸钙溶液氧化去除这些物质。常用的去壳溶液是用次氯酸盐、pH 值稳定剂和海水按一定比例配制而成的。由于不同品系卤虫卵卵壳的厚度不同,因而去壳溶液中要求的有效氯浓度也不同,以期达到最佳效果。一般而言,每克干卤虫卵需使用 0.5 克的有效氯,而去壳溶液的总体积按每克干卵 14 毫升的比例配制。配制去壳溶液需用氢氧化钠(用次氯酸钠时使用,用量为每克干卵 0.15 克)或碳酸钠(用次氯酸钙时使用,用量为每克干卵 0.67 克。也可用氧化钙,每克干卵 0.4 克)来调节 pH 值在 10 以下。去壳溶液用海水配成,加上冰块使水温降至 15℃～20℃。在配制次氯酸钙去壳液时,应先将次氯酸钙溶解后再加碳酸钠或氧化钙,静置后使用上清液。当把吸水后的卵放入去壳液中去壳时,要不停地搅拌或充气。此时是一个氧化过程,并产生气泡,要不停地测定其温度,可用冰块防止升温到 40℃以上。去壳时间一般为 5～15 分钟,时间过长会影响孵化率。

3. 清洗和停止去壳液的氧化作用　当在解剖镜下看不见咖啡色的卵壳时,即表示去壳完毕,此时去壳溶液的温度不再上升。有一定的操作经验后,用肉眼目测即可比较好地掌握去壳的进程。用孔径为 120 微米的筛绢收集已除去壳的卤虫卵,用清水及海水冲洗,直到闻不到有氯气味为止。为了进一步除去残留的次氯酸钠,可放于 0.1 摩/升盐酸溶液、0.1 摩/升醋酸溶液或 0.05 摩/升亚硫酸钠溶液中 1 分钟以中和残氯,然后用淡水或海水冲洗。

去壳卵可直接使用,也可脱水后贮存备用,但最好是孵化后使用。

4. 脱水和贮存　清洗后的去壳卵如需保存 1 周以上,需要脱水。具体做法是:先用 120 微米筛绢收集去壳卵,然后滤去水分,用饱和盐水浸泡。饱和盐水用量为每克干卵 10 毫升,浸泡 2 小时后更换盐水或加盐 1 次。脱水后的去壳虫卵可保存于冰箱中。上述保存于盐水中的去壳卵含水量为 16%～20%。这种方法只能在数周内保持其原有孵化率,更长时期的保存要求含水量在 10% 以下,可用饱和氯化镁溶液进行脱水。

去壳卵在紫外线照射下不能孵化,因而去壳过程和去壳卵保存时都应避免阳光直射。

去壳卵解决了幼虫与卵壳分离困难的问题。此外去壳卵还有以下优点:①可以直接投喂,不需再经过孵化管理操作;②去壳时使用的次氯酸溶液可同时杀死卵壳上的细菌、真菌和聚缩虫,杜绝了因卤虫卵消毒不严格而导致的疾病传播;③省去了无节幼体出膜时所需消耗的能量,故其营养优于自行孵出的无节幼体;④去壳卵售价便宜,比进口卤虫卵的价格低 50% 以上。

其不足之处在于:①去壳卵缺乏悬浮性,投喂时泼洒是否均匀将直接影响饲料效果,切忌一次性投喂过多,卵沉入池底不仅造成浪费,而且还会污染水质。以小型家用水泵的喷水嘴作为投喂器,可取得良好效果。②用次氯酸盐作为去壳药物,卤虫卵去壳脱氯后虽用大量海水冲洗仍有异味,影响使用效果。用鱼虾引诱剂乌鱼浆或贻贝浆处理,可消除异味。

(九)卤虫无节幼体的营养强化

长链高不饱和脂肪酸二十碳五烯酸和二十二碳六烯酸是河蟹无节幼体的必需脂肪酸,卤虫体内这些必需脂肪酸的含量成为决定其营养价值的主要因素。刚孵化的卤虫无节幼体中二十二碳六烯酸的含量很低,甚至为零,而二十碳五烯酸的含量变化很大。有些卤虫品系缺乏河蟹无节幼体所需的必需脂肪酸,因此必须提高卤虫无节幼体中不饱和脂肪酸二十碳五烯酸和二十二碳六烯酸的含量,以改善其在河蟹育苗中的价值。具体改善方法是:①将锥形底强化缸、充气管和气石,用高锰酸钾或有效氯消毒,添加

25℃～30℃的过滤海水。②分离收集初孵的卤虫无节幼体,按300个/毫升转移到强化缸中。③按 300 毫克/升强化水体的量称取强化剂(二十二碳六烯酸、磷脂和抗坏血酸),加少量水混匀后加入强化缸中。强化过程中充气量要大,强化时间为 12～24 小时。如果强化时间比较长(24 小时),中间需再加 1 次强化剂。④强化结束后,将卤虫无节幼体收集起来,充分冲洗,除去多余的强化剂和附着在无节幼体身上的细菌等有害物质,投喂河蟹无节幼体。

(十)卤虫替代品及其在生产上的应用

由于卤虫的价格较高且供应不稳定,因此出现了许多卤虫的替代品,如轮虫、枝角类、藻类、配合饲料等,但实际所有的替代品都只能替代部分卤虫的用量。无法完全放弃卤虫的原因包括营养、稳定性、卫生、消化率和对水质的影响等。在不断出现的新技术推动下,卤虫可被无差异替代的比例正在不断地提高,也许有一天,我们可以用以下某些产品完全替代目前所使用的卤虫。

1. 轮虫　目前在生产上广泛使用的轮虫是褶皱臂尾轮虫,大小为 150～360 微米。自然水体中在盐度为 5‰～35‰时能大量出现。对温度适应范围较大,一般在 5℃～40℃。最适温度为25℃～30℃。

轮虫在河蟹育苗中的应用得益于轮虫高密度培养技术的发展和轮虫营养强化技术的完善。

(1)轮虫高密度培养　培养轮虫首先需要有轮虫种。轮虫种可以由有关单位供应,也可以自己分离。褶皱臂尾轮虫生活在半咸水和海水中,当水温达到 15℃以上,在海边高潮区的小水洼、小水塘等小型静水水体中,尤其是水质较肥、浮游藻类繁生的水中,常生活着褶皱臂尾轮虫。可用网目为 120 微米左右的浮游生物网(即一般捕捞浮游生物的粗网)在这些小水体中捞取,最好是在清晨日出之前,轮虫向表层游动时捕捞效果最佳。先用网目为 300

微米的尼龙网滤掉其中的小鱼、杂物,再集中于容器中放置数小时。利用轮虫对缺氧或恶劣环境抵抗力强的特性,待桡足类及其他浮游生物等死亡沉于水底时,再用纱布或滤纸平放在水面使浮在水上层的轮虫黏附其上,取出纱布把轮虫冲洗入另备的容器中,即可得到较纯的轮虫。按此方法再经 2～3 次分离之后,可得到纯种轮虫。也可把采集的水样在解剖镜下检查。如发现褶皱臂尾轮虫,即用微吸管吸出。为了避免混杂其他动物,可先把吸出的水放置在一个清洁的凹玻片中过滤,经观察准确后再吸入试管或小三角烧瓶中培养。褶皱臂尾轮虫个体较大,很容易用吸管分离。在分离过程中应测定轮虫原生活环境的盐度,培养轮虫用水的盐度应该与原生活环境的盐度相近。因为褶皱臂尾轮虫对盐度突然变化的耐力较低,待分离培养成功后如需要改变培养盐度,必须经过逐渐驯化的过程。

小型扩种是在 5 000 毫升的三角烧瓶中进行。培育海水盐度为 20‰～25‰,温度为 20℃～25℃。投喂以小球藻为主,使培育水中始终保持 4～6 个/毫升的密度。观察轮虫发展到 10 个/毫升时分瓶。

扩大培育用 0.5 吨的玻璃钢水槽。将三角烧瓶中的轮虫接入槽内,接种密度为 3～5 个/毫升。培育水的盐度、温度与前面一样。每天使培育水中小球藻密度保持在 4 万个/毫升,硅藻 3 万个/毫升。每隔 5 小时搅动 1 次。

生产性大型培育可在室内水泥池中加入半池过滤海水。海水必须用 30 毫克/升漂白粉或 300 目筛绢网袋处理,以防止敌害生物进入培养池。培育水的盐度用淡水调至 20‰～25‰,温度为 20℃～25℃。接种密度为 2 个/毫升。密度大小只影响培育的时间长短,而无其他不良影响。轮虫的饲料用扁藻、硅藻、小球藻都可以。也可以用酵母,但用酵母培育起来的轮虫,用前必须用单胞藻强化培育以提高其营养价值。投喂密度为扁藻 2 万～3 万个/

毫升、硅藻 4 万～6 万个/毫升、小球藻 8 万～10 万个/毫升、酵母干重为 3 毫克/毫升,每天投喂 2 次。

培养过程中,从第三天起每天都要换水,换水量要达到 25%。加注的新水水温尽量与池水温度一致,温差不得超过 2℃。在冬季、早春应采用升温培养,以防止温差波动过大。升温幅度要小于 6℃,否则会导致轮虫活力差、繁殖力下降、个体变小。

光照也影响轮虫的培育效果。早春光照对轮虫的影响不大,但在 4 月中旬后要注意通风,避免强光照射,使室温与水温基本一致。否则在轮虫接种 3 天后,会出现红褐色絮状物,镜检类似大型丝状角毛藻,而实际是投喂的酵母在高温下发酵与池内的单胞藻缩聚形成的。这种情况出现后,池底残留物加厚,水质败坏,池壁出现类似口唇红圈。轮虫个体瘦小,数量剧降,直至全部死亡。

轮虫的采收可用 200 目筛绢制成的网箱,用一小型水泵,把池水抽入网箱过滤。还可利用褶皱臂尾轮虫趋光的特点,利用光诱,使轮虫大量聚集在强光处,轮虫集中的地方呈褐红色,可用水桶直接舀取。

(2)轮虫的营养强化 轮虫自身所含的营养对养殖苗种的成活率、生长速度及抗逆、抗病能力有很大影响。不同种类的轮虫,其蛋白质含量差异不大,都能满足水产动物苗种的营养。营养强化的主要目的是提高二十碳五烯酸、二十二碳六烯酸占总脂肪酸的含量,提供稳定的、高质量的轮虫,使其满足河蟹无节幼体对高度不饱和脂肪酸的需求。

用酵母培养轮虫的优点在于繁殖速度快,在数量上能满足大规模育苗生产的需要,但其直接用于育苗生产效果很差。因此,必须对轮虫进行强化,这样就需要单胞藻。从多年的实践看,用小球藻、等鞭金藻(3011)效果最好。具体方法是:根据生产需要,将达到投喂要求的单胞藻按水、料比为 1:3 的比例加入强化池中,然后充气。再把所需轮虫用淡水浸泡 3～5 分钟后,接种到强化池,密度为 400～500 个/毫升,强化 24 小时后即可投喂。从强化的效果看,使用等鞭金藻(3011)的效果优于小球藻。

2. 枝角类 在生产中,当卤虫或轮虫资源不足时,经常使用的活饵料还包括枝角类和一些桡足类。这些枝角类或桡足类往往是野外捞取的淡水种类,如蚤状蚤、薄水蚤、剑水蚤、美女蚤。尽管这些浮游动物的营养品质都比较好(蛋白质含量在 60% 左右、脂肪含量在 10% 左右),但它们在海水中的存活时间很短,只有几个小时,而且不能持续供应。

但在近一段时间,一些优良的咸淡水枝角类品种陆续被发现和应用于生产,在对卤虫的替代上取得了较好的效果。这些咸淡水枝角类能够适应一定盐度的海水,并且适于大规模的培养,在营养品质上也能保证河蟹苗种的要求。这些新的咸淡水枝角类包括蒙古裸腹溞和大型溞。这两种枝角类适应的温度、盐度范围在一般海水育苗的温度、盐度范围之内,并且可以用常规的方法进行水泥池精养或土池粗养。

3. 藻类 一些藻类在河蟹育苗中被广泛应用,一些好的种类容易富集不饱和脂肪酸,提供较高含量的高度不饱和脂肪酸和植物性蛋白质,可以适当补充和替代卤虫。这些藻类包括扁藻、小球藻、三角褐指藻、菱形新月藻等,这些藻类都是河蟹蚤状幼体的适口饵料。

藻类的培养大体有以下几个环节:一是采集、分离和筛选所需要的藻种,可直接向科研单位和相关高校购买。二是配制营养液。根据生产规模和需要量统筹规划,合理配制。三是选择适宜的培养方法。通常有室内小型培养和室外水泥池培养。需要活饵量大的可采用室外水泥池培养法,建好设施,消毒池子和工具,按照藻类的营养需求配好培养液。四是将室内培养好的藻种移植到水泥池内,进行室外大规模生产。一次接种量要大,以保持生长优势,接种应在天气晴朗的情况下进行。五是要加强生产管理,着重掌握一定的光照、适宜的水温、适当的盐度和充足的营养,以促进藻类不断生长繁殖,源源不断地提供活饵料源。另外,还要注意培养池内藻类的生长速度,及时捞出投喂,防止密度过大,影响藻类生长,并及时补充池内的营养物质,保证藻类持续生长的需要。

4. 配合饲料　饲料制造工艺的进步是惊人的,目前,我们能够得到的育苗饲料在营养水平和水中稳定性、匀质性、水质污染、适口性、消化率等方面都有了长足的进步。最新工艺制造的育苗饲料包括微粒饲料和微囊饲料等。这些饲料的大小由 10 微米至 1 000 微米不等,主要视其应用范围而定。

(1)微粒饲料　是鱼虾苗种开口饲料中重要的一种,已经被广泛应用。微粒饲料应满足微粒、悬浮、稳定、低溶、易消化吸收等要求。主要是将原料超微粉碎,经过一系列特殊工艺形成块状混合料,再通过松散机加工成微型颗粒,再经筛选机筛选出符合要求的颗粒。

(2)微囊饲料　在微粒饲料的基础上,使用物理或化学方法在饲料外包一层微囊,增加其在水中的稳定性及在消化道中的易消化性。现有的微囊饲料根据包囊用料的不同可分为尼龙蛋微囊饲料、玉米蛋白微囊饲料、明胶阿拉伯树胶微囊饲料、壳聚糖微囊饲料。

(3)传统替代品　如蛋黄、蛋羹、鱼糜、糠虾、摇蚊幼虫、沙蚕等。这些传统替代品被经常并较大量地用于育苗生产中。在与活饵料配合的前提下,它们在营养上并没有大的缺陷。但比起活饵料和精制的配合饲料,它们更容易污染水质,并且适口性较差。

蛋黄由于含有类似于卵黄囊的营养成分,在实际生产中受到青睐,一般的使用方法是将煮熟的蛋黄用 180 目筛绢网在水中搓成悬浊液后投喂。

蛋羹除含有类似于卵黄囊的营养成分外,还含有丰富的蛋白质。它在生产上的使用方法与蛋黄相似。

鲜鱼制成的鱼糜以及糠虾粉碎后的制品,含有丰富的高度不饱和脂肪酸和能满足苗种所需的蛋白质,一般的用法是煮熟后投喂或直接投喂。

糠虾、摇蚊幼虫、沙蚕等也可消毒后直接投喂。

使用以上列举的这些替代品,必须遵循的原则是在不影响或较少影响育苗产量及质量的前提下,尽量多替代卤虫的用量。由于不同的育苗品种对营养的需求不同,同一替代品中不同品种的营养水平也不一样,因此我们在选择替代品时应从育苗品种的营养需求出发。需要强调的一点是,目前还没有任何一种替代品能完全无差异地替代卤虫,所能做的只是尽量降低使用卤虫的量。

经营养强化后的轮虫普遍价格在 20 万元/吨左右(这与使用哪种价格的营养强化产品以及培养方式有关),与目前至少在 30 万元/吨以上,甚至达到 80 万元/吨的卤虫价格相比,经济得多,并且效果也很好。但由于体型大小的原因,它在一些育苗品种中能使用的时间较短。一种较常见的做法是,在生产前准备育苗产量 50 倍左右的轮虫,将卤虫的用量减少到原来的 50% 左右,则生产成本可降低 30% 左右。

枝角类因其种类体型大小不同而分别用作替代卤虫卵。

藻类被使用在河蟹育苗的前期,在配合使用其他配合饲料的情况下可以完全替代卤虫无节幼体的用量,在后期也能减少卤虫的用量。在配合使用藻类和卤虫的情况下,能大大提高育苗的成活率,据称在蟹类的育苗中能提高 15%～25% 的成活率。

配合饲料(包括微粒饲料和微囊饲料)的情况比较复杂,低价的配合饲料仅为 8 万元/吨左右,高价的甚至超过优质卤虫的价格。笔者的建议是:在选择哪种配合饲料时应该以饲料品质为主要指标。这些指标包括饲料的蛋白质水平、蛋白质质量、高度不饱和脂肪酸的含量和比例、匀质性、在水中的稳定性、摄食率、消化率。配合饲料在水中的稳定性尤为重要,高稳定性的配合饲料可以减少营养的流失及对水质的污染。一些好的配合饲料可以替代

50％～60％的卤虫用量,在育苗设施及管理方法上做出改进后,一些更好的配合饲料甚至能替代 80％或更多的卤虫。

蛋黄、蛋羹、鱼糜、糠虾、沙蚕等被用于育苗的各个阶段。为了节约成本,有的育苗场甚至提倡用这些替代品完全代替卤虫。然而这样做的效果似乎不是很好,成活率、幼体体重等指标都明显低于用卤虫育成的苗,一般只相当于使用卤虫育出苗的 60％～80％,有的情况下甚至更差,只相当于 30％或更少。

虽然无法做到完全无差异地替代全部卤虫的用量,但卤虫可被替代的比例正在不断地增加,为如何降低育苗成本、提高成活率、减少不稳定因素(例如天气)的影响,提供了广阔的视野。

四、抱卵蟹的饲养

亲蟹交配产卵后,其腹部所携带的受精卵就进入胚胎发育阶段,直至幼体出膜,抱卵蟹才完成生殖使命。因此,抱卵蟹的饲养过程,也是受精卵的孵化过程。抱卵蟹的饲养管理是河蟹繁殖工作中的一个重要环节。

(一)饲养方法

抱卵蟹可采用散养和笼养 2 种方法饲养。

1. 散养　为在池塘中散养,与饲养亲蟹相比,抱卵蟹除要求海水环境外,一般的管理方法基本相近,只是要更精细一些,并需注意以下几个方面。

第一,必须雌雄分养。如果有雄蟹混养在抱卵蟹中,它会追逐纠缠抱卵蟹,重复交配,容易造成抱卵蟹步足伤残或受精卵脱落。

第二,投喂量应适当增加。抱卵蟹在第一次怀卵后,还需要大量摄食,积累营养,为第二次或第三次怀卵做准备。因此,不仅需要增加投喂量,而且应改善饲料品种。绝不能让抱卵蟹挨饿,否则抱卵蟹会用大螯挖取卵块充饥。

第三，必须保持水质清新。每3～4天要换注新水1次，同时注意防止海水盐度大幅度骤降，尤其是在胚胎发育(新月透明期以前)时，对盐度突变比较敏感。但新月透明期以后，即使突然进入淡水中数天，又重新回到海水后胚胎仍能照常发育。

2. 笼养 每只蟹笼放入20～25只抱卵蟹。笼底铺放卵石，采用延绳钓式把蟹笼放入海水中。每隔7～10天检查、投喂1次。饲料以咸带鱼为主。笼养的抱卵蟹体表清洁、个体活泼、成活率较高，缺点是操作管理不便。

(二)加快或延迟抱卵蟹孵幼的方法

生产上需要抱卵蟹提早或推迟孵化幼体，以提高相关设施的利用率，增加生产能力。这就要求能够控制或选择抱卵蟹的孵幼时间，进行有计划地分批孵幼培育。目前所用的办法是以控温来达到这一目的。

河蟹胚胎发育进程的快慢是受温度影响的。通过对抱卵蟹加以连续送气、充分供料和经常换水等精心管理，逐渐对水体加温至15℃～20℃，其胚胎发育可在20天左右完成，幼体即可孵化出膜。与此相反，如果让抱卵蟹长期处于低温(10℃以下)条件下饲养，则孵幼出膜可历时数月之久。这就使分批孵幼、分批育苗成为可能。

此外，通过低温控制，使淡水中饲养的亲蟹推迟到4月中下旬再进行人工催产，以达到推迟抱卵蟹孵幼的目的。这就使育苗生产上进行第二批育苗时，仍然采用第一次抱卵亲蟹成为可能。

(三)孵幼后雌蟹的饲养管理

当抱卵蟹孵化出第一批幼体后，雌蟹不久即投入整理附肢的工作。雌蟹用两只大螯交替伸向腹部清除附肢刚毛上的卵壳，以迎接第二次产卵。等到第二批幼体孵化出膜后，二次抱卵蟹又同样清理附肢刚毛,准备第三次产卵。因此,对于孵幼后的雌蟹,需及时放入海水中,认真饲养管理,加以充分利用。

二次抱卵蟹饲养期间,通常由于自然水温较高,水池水质容易恶化,必须经常换注新鲜海水,严防缺氧和泛池。还要加强投喂,改善饲料质量和品种,以保证雌蟹摄食的需要。尤其要注意露天土池的池水不宜太浅,池水温度不可超过 27℃,否则胚胎极易受高温损害而死亡。

五、幼体的培育

幼体培育是指将出膜后的第 Ⅰ 期蚤状幼体培育至大眼幼体(蟹苗)的过程,这期间,蚤状幼体要经过 5 次蜕壳。人工育苗就是在工艺流程上尽力创造适合各期幼体生长发育的良好生态条件,以提高蚤状幼体至大眼幼体的成活率和单产量。

(一)土池建造

土池应选择在离海淡水水源较近、交通便利的地方建造。一般池形呈长方形,面积以 334～667 米^2 为宜,水深 1.5 米,坡比为 1∶0.5。池底宜为沙土,新建池的池堤应夯实,防止泄漏。池的一端设进水阀,另一端设喇叭形底孔出水口。出水孔用尼龙筛绢或聚乙烯布拦好,以免池水抽放时幼体逃逸。

(二)清池消毒

有淤泥的池子应彻底清除淤泥,对池底和池壁进行维护。育苗生产开始前 15～20 天进行清池消毒,杀灭敌害生物(鱼、虾、水生昆虫等),排除池内污水,清除塘底污泥,冲洗池壁,维修排水管道等。常用的清池消毒药物有以下几种。

1. 生石灰　使用时将池水排至 10～20 厘米深,均匀地投入生石灰,每 667 米² 用量以 75～100 千克为宜,清池后 7～10 天方能使用。

2. 漂白粉 由于漂白粉在空气中极易挥发和分解,所以将漂白粉取出后,应立即倒入木桶中,加水混合成糊糊状,然后加水稀释泼洒。如池中无水,用量为每 667 米² 6～10 千克。带水清塘,按每 667 米² 水面施入 60～70 千克。漂白粉清塘在幼体孵化前 4～6 天进行。

3. 甲醛 对杀灭池中病毒和原生动物具有良好的效果。在干池情况下,每 667 米² 施工业用 40% 甲醛溶液 6～10 升。施药在幼体培育前 10 天进行。

4. 敌百虫 为广谱有机磷杀虫剂。其中的敌敌畏对昆虫有强力的胃毒和杀灭作用。以 0.25 毫克/升的浓度可杀灭水体中的枝角类等,效果显著。育苗前 15 天施药。

(三)肥 水

育苗池浸泡 5～7 天,抽干池水并用过滤新水冲刷池底后,扎好进排水孔隔离网,即准备育苗用进水。进水时要用 100 目筛网严格过滤,先进水 50 厘米左右。肥水时,按 20:1 的比例施用氮肥和磷肥。施肥可用挂袋方法,即将氮、磷肥分别装入 6～8 个袋内挂入水面下 20 厘米处(为防降低肥效,不可将氮、磷肥混装和同时挂袋)。根据水质肥瘦,酌情增减施肥量和增加水位,以保证放散幼体前池水透明度在 30～40 厘米,水位达到 100～120 厘米。

(四)幼体放散

每日检查蟹卵的发育情况。对镜检胚胎心跳达 150 次/分或卵颜色为灰白色的种蟹消毒,可用 10 毫克/升新洁尔灭溶液浸泡 1 小时,或用 60 毫克/升制霉菌素溶液浸泡 40 分钟,然后挂笼入池。每 667 米² 水面放排幼亲蟹 10～20 只,最多不要超过 30 只。

控制池水盐度为 20‰,水温为 20℃,随时检查亲蟹排幼数量,土池幼体密度达到 5 万～10 万只/米³ 时,应将水体中的蟹笼立即取出,放到另一个育苗池中排幼。

(五)饲料投喂

在蚤状幼体Ⅰ期时主要以水中藻类为主。如果池水较肥,透明度不超过 25～30 厘米,可以少喂或不喂;如果池水肥度不够,则应定时投喂人工饲料,主要有蛋黄、豆浆、酵母粉等,装入 180 目网袋揉搓。投喂量为每天每 667 米² 水面投蛋黄 5～10 个、酵母 100～200 克、螺旋藻粉 100～150 克、黄豆 250～500 克磨成豆浆,分早、中、晚 3 次投喂。

蚤状幼体Ⅱ期时一般以单胞藻类、轮虫和卤虫无节幼体为主,鲜活轮虫在投喂前要过滤、冲洗、消毒。第Ⅲ期蚤状幼体至大眼幼体阶段则以轮虫、卤虫无节幼体及成虫、桡足类等为主要饲料,并辅以蛋黄、豆浆、蛋糕、鱼糜等人工饲料。

确定投喂种类及投喂量的原则是做到"三适",即适时、适口、适量。

在培育Ⅰ期和Ⅱ期蚤状幼体时,不要把枝角类、桡足类带进水池,其繁殖速度惊人,到Ⅲ期和Ⅳ期时,不但与蟹苗争食,而且大量繁殖可造成蟹苗绝产。

卤虫无节幼体作为土池育苗中最主要、最优质的饲料,可以在蚤状幼体Ⅰ期适量多投,使一部分未被食完的卤虫无节幼体长成成体,作为蚤状幼体Ⅴ期至大眼幼体阶段的饲料,以减少蟹苗自残的概率,提高变态成活率。但剩余量要控制好,不能造成池中卤虫幼体的群体优势。

(六)充气与换水

土池育苗中使用增氧机的主要作用是增氧,其次是使幼体及饲料分布均匀。1个334米²的土池只需1台功率为0.75千瓦的水车式增氧机。增氧机用绳固定,位置以产生的水流能沿池壁循环流动为准。增氧机开启时间的长短,应视下列情况而定:一是抱卵蟹大量孵出幼体时,应间歇开机,以防Ⅰ期蚤状幼体互相拥抱成团而死亡;二是投喂时开机,使幼体摄食机会均等;三是高温、闷热天气,极易造成Ⅴ期蚤状幼体缺氧,应增加开机次数。高密度池水温达26℃～30℃时,可采用24小时不间断增氧的方式,尽管可造成池水一定程度的浑浊,但实践证明对Ⅴ期蚤状幼体及大眼幼体成活率无明显影响。

Ⅰ期第一天不换水,2～3天加水至1.3米,Ⅴ期变大眼幼体时水位加深;Ⅱ期变态整齐后换水,换水量为每天25%,用80目网箱隔离蟹苗和外排的水;Ⅲ期时每天换水40%,用60目网箱隔离;Ⅳ期时每天换水量80%,分早、晚2次进行,用40目网箱隔离;Ⅴ期时每天换水量100%,分早、晚2次进行,用40目网箱隔离。大眼幼体时1～3天换水量为120%,分3次进行,用20目网箱隔离;4～6天换水量为80%,分2次进行;第七天换水量为30%,准备出池。注意换水时温差不要超过1℃。

六、敌害生物的防治

河蟹育苗期间的病害防治应做到"以防为主,防重于治"。在整个育苗期间,除要进行亲蟹和育苗池及用具的严格消毒外,还应对卤虫、轮虫等饲料进行消毒处理。

(一)预防措施

要对育苗用水进行严格消毒,所使用的漂白粉要检查有效氯含量是否达到30%以上。

对投喂的轮虫要清洗消毒,用20毫克/升二氧化氯溶液或50

毫克/升高锰酸钾溶液浸洗 30 分钟,防止将病原体带入池中。

轮虫池与鱼苗池要分开一定距离,因为轮虫池在大风天易起泡沫,刮进育苗池,会把病原体带入池内。

(二)治疗措施

细菌引起的疾病,如弧菌引起的红体病,主要症状为患病幼体体色浑浊、失去光泽,摄食基本停止,肠道内无食物,行动迟缓,弹跳反应不明显,大多数下沉于池底而死亡。取患病幼体检测,可在体内发现大量活动菌体存在。本病在河蟹幼体各个阶段均有发生,尤以蚤状幼体前期发病严重,具有很强的传染性和高死亡率。一旦患病很难治愈,往往在几天内整池幼体全部死亡。可用 2～3毫克/升漂白粉溶液全池泼洒或用 0.5 毫克/升二氧化氯溶液、0.5毫克/升二溴海因溶液进行治疗。

水质过肥、水体老化或者底泥较多、水质较差的池塘中容易出现较多的原生动物,如聚缩虫、钟形虫等附着于蟹苗体外,造成蟹苗活动、呼吸、摄食、蜕壳困难,最终引起死亡。严重时幼体体表可见大量聚缩虫或钟形虫,背刺发红或者断裂,发病后肉眼可见白色絮状物,严重时影响蟹苗的活力和摄食,特别在水质恶化、蟹苗体质弱时易感染。可用 10 毫克/升新洁尔灭溶液或 2～3 毫克/升制霉菌素溶液浸洗蟹体,直至聚缩虫或钟形虫脱落。

桡足类、多毛类和摇蚊幼虫等土池常见的敌害生物,它们不仅与蚤状幼体争夺空间和饲料,部分种类还可以直接摄食河蟹幼体。

春季江浙沿海河蟹育苗土池中的桡足类易形成优势种群,桡足类既是Ⅰ期和Ⅱ期蚤状幼体阶段的敌害生物,又是Ⅲ期以后幼体的优质活饵料,所以在Ⅰ期和Ⅱ期期间应严格控制桡足类的数量。可以在布苗前 1 周用 1 毫克/升敌百虫溶液严格消毒,3～4天后待桡足类成体所带的卵萌发后再施以 1～1.5 毫克/升敌百虫溶液进行第二次杀灭,可有效控制Ⅰ期和Ⅱ期蚤状幼体培育期桡足类的旺发。

利氏才女虫的幼虫是育苗早期危害较大的多毛类,是河蟹生态育苗中的重要敌害。其幼虫在水中浮游生活,成虫营附着生活。主要通过注入的天然海水进入河蟹育苗池或由池塘中越冬成虫的卵发育形成。育苗池中出现利氏才女虫可使池中的轮虫在投喂后2小时内全部死亡,导致蚤状幼体的体色发绿,镜检其肠道内容物始终不满,由于长期营养积累不足,以至于蚤状幼体的变态率很低。控制利氏才女虫幼虫的方法是:在清塘时,彻底去掉发黑的底泥以及池塘中成虫可附着的如硬塑管、竹竿和芦苇等杂物;在蟹苗生产结束后将池塘中的池水彻底排掉;还可用10毫克/升茶籽饼在利氏才女虫的浮游幼虫期将其彻底杀灭。

七、出池与运输

(一)蟹苗出池前的淡化

当池内第Ⅴ期蚤状幼体80%变态成为大眼幼体时,称为大眼幼体1日龄。等到3~4日龄时,就对育苗池的水体进行淡化。每日降低盐度5‰~10‰,使最终池水盐度降至5‰以下,以使蟹苗适应淡水生活。淡化时,将原池的海水排掉一部分,再注入淡水,用海水比重计换算成盐度,依次逐日淡化。随着大眼幼体日龄的增加,对淡水的适应力也增强。一般5~6日龄的大眼幼体,在淡水中能很好地生存。

淡化的目的,在于使蟹苗从海水环境转向淡水环境,逐渐调节体内渗透压与外界的平衡,使之过渡到淡水中生活。淡化池水时,同时逐步降低池水温度,室内水泥培育池每日降1℃~2℃,直至与外界水温一致为止,这样做还有利于运输。

人工繁殖的河蟹苗,必须经过淡化后方能出售与放养。没有经过淡化的蟹苗,如马上放入淡水池,由于环境盐度的突变,体内渗透压与外界失去平衡,很快会造成蟹苗部分或大量死亡,必须引起足够的重视。

(二)暂养锻炼

大眼幼体出池前,在原池还要进行暂养锻炼,目的是使出池大眼幼体不仅能游泳,而且还能爬行,提高成活率。大眼幼体准备放养到淡水水域之前,尚须经过暂养锻炼阶段。刚完成蜕壳变态的大眼幼体,由海水环境一下子进入淡水,30 分钟即麻醉,其后死亡。但随着其日龄的增加,对淡水的适应力明显增强。1～2 日龄的大眼幼体从 28‰盐度海水环境进入淡水池,24 小时后的成活率只有 10％～30％。但 3～4 日龄的大眼幼体进入淡水后 24 小时的成活率可达 60％～80％,5～6 日龄的大眼幼体(每千克14 万～20 万只的个体)进入淡水后成活率达 95％以上。因此,为了提高大眼幼体的放养成活率,出池时一定要经过暂养和池水渐渐淡化的过程。

(三)蟹苗出池

当池中 80％左右的蚤状幼体变为大眼幼体时,即为出池的最好时机,当大眼幼体变为幼蟹时,就不易起捕。

培育池中的蟹苗,可采用捞海网或聚乙烯网布制成的网目为 2 毫米的大拉网捕捞。方法有以下几种。

白天用捞海网捞取。利用蟹苗喜集群、喜岸边的习性,在土池选择上风一角,用捞海网不断搅动池水,造成一定方向的水流,可以捕到大量蟹苗。

夜间用灯光诱捕。利用大眼幼体喜光的习性,在池的四角设灯,安装 100～200 瓦灯泡(加罩),用捞海网在有光的区域抄捞。

还可用拉网进行捕捞。用 40 目筛网制成长度与池宽相等、高

2 米的网具拉网捕捞。一般每个池需拉网 2 次,起捕率可达 90% 以上。灯光诱捕比拉网捕捞成活率高 5%~10%。

(四)蟹苗质量的鉴别

1. 看色泽　好的蟹苗体色呈淡黄色,差的为乳白色,体色发黑表明蟹苗已老化。

2. 看个体大小　好的蟹苗个体大,规格整齐,每千克 14 万~20 万只。差的蟹苗个体较小,一般每千克在 24 万~28 万只。

3. 看活动状况　好的蟹苗活动力强,反应灵敏。用手捏成团,松手后马上散开。垂直放入水中,立即朝旁边游去。离水后迅速爬行。反之,则为质差苗。

(五)人工繁殖蟹苗的运输

人工繁殖的蟹苗,均来自沿海自然海水的育苗场和内陆人工配制海水的育苗场,一般在 4 月下旬至 6 月上旬分两批育苗。人工繁殖的蟹苗,是在人为管理的育苗池中育成,并没有经过大自然的考验,因此必须在育苗池经过 3 天左右的暂养锻炼和淡化处理后才能运输。

人工繁殖蟹苗的短距离运输,可用蟹苗运输箱装运,每箱可装0.5~1千克。长距离运输采用尼龙袋充氧法比较理想,用 10 千克容量的尼龙袋,袋中装 1/5 量的淡水,内放 1 毫克/升土霉素,再放些水草,装入 0.1~0.15 千克的蟹苗,充氧后将袋口扎紧,不能漏水、漏气。如中间夹放冰袋降温则效果更好。将尼龙袋放入纸板箱内,用包装带捆牢,采用汽车、火车、轮船、飞机运输均可。

第七章　河蟹苗种的培育技术

生产上根据河蟹苗种不同生长阶段给予不同的称谓。

蟹苗：又称大眼幼体。由Ⅴ期蚤状幼体蜕壳变态而成,有趋淡水生活习性,但此时还未成蟹形,规格为14万～16万只/千克,在水中浮游生活。

仔蟹：从大眼幼体起经1次蜕壳、生长即成蟹形,前1～5次蜕壳的幼体依次称为Ⅰ期至Ⅴ期仔蟹,因其大小、形状如豆,生产上俗称为豆蟹。Ⅴ期仔蟹规格为0.5万～0.6万只/千克。

蟹种：因其大小形状如纽扣,同时在培育过程中可以通过控制放养量和饲料生产不同规格的蟹种,故又称幼蟹、扣蟹。规格有大有小,一般是指100～200只/千克的性腺未成熟的幼蟹。

苗种培育包括仔蟹培育和蟹种培育2个阶段。

仔蟹培育是指将大眼幼体经过15～30天培育成规格为45～50毫克苗种的过程。蟹种培育是指把仔蟹经2～4个月培育到每只规格为5～10克苗种的过程(图7-1)。

(大眼幼体,5～7毫克)　　(豆蟹,40～45毫克)　　(扣蟹,5～10克)　　　　(100～150克)

蟹　苗 ——————→ 仔　蟹 ——————→ 蟹　种 ——————→ 成　蟹

15～30天(仔蟹培育)　　 2～4个月(蟹种培育)　 7～12个月(成蟹养殖)

图 7-1　苗种各阶段培育示意

苗种培育阶段河蟹生长发育呈现3个显著特点:一是蜕壳次数多,二是个体生长快,三是个体差异明显。

仔蟹培育的培育方法有土池培育法、网箱培育法、水泥池培育法、塑料大棚培育法等;蟹种培育的方法有土池培育法、网围培育法和稻田培育法。

一、蟹苗的质量鉴别和选择

培育前,首先要识别蟹苗质量优劣。蟹苗有人工繁殖和天然捕捞之分。由于人工繁殖蟹苗的技术水平参差不齐,影响蟹苗质量的变数增大,市场上难免出现部分劣质苗,一些养殖生产者因购回劣质苗而蒙受很大的经济损失。因此,掌握蟹苗质量的鉴别方法,能够选择和买到优质蟹苗是苗种培育或者说河蟹增养殖成功与否的第一个关键所在。

优质蟹苗的标准是:体质强壮,出苗日龄足。亲本来源于长江水系亲蟹所繁育的蟹苗,在长江口区域或内陆地区低盐度人工育苗条件下,蟹苗的出苗龄期不低于 6 足日龄;在长江南北的高、中盐度半咸水(20‰~30‰)育苗条件下,出苗龄期应不低于 7 足日。蟹苗个体均匀,嫩老一致。选购的蟹苗要求每千克数量在 14 万~16 万只,蟹苗支撑力、活动能力和抗黏滞性强。

下面介绍一下蟹苗质量鉴别的具体方法。

(一)了解蟹苗的生产过程

如果是人工繁殖的蟹苗,对亲蟹来源、规格质量、饲料投喂,亲蟹产卵率、出苗率、幼苗成活率(三率),蟹苗的日龄以及出池前淡化、降温处理过程等情况都要做详细了解和跟踪。一般饲养管理好、苗龄达 6 日龄以上、经过多次淡化处理、池内苗种密度较大、活力较强、同一批蟹苗大小规格整齐,说明蟹苗质量较好;反之,则较差。如果购买的是天然蟹苗,则要了解蟹苗捕捞的天数及淡化处理情况,未经淡化处理则不能购买。

(二)观察外表

优质蟹苗体色淡黄、稍带光泽,育苗蟹池不含死苗杂物。蟹苗活动能力强,反应灵活,在淡水盆中游动时忽上忽下非常迅速。质量好的蟹苗支撑力和活动能力强,蟹苗被堆放在一起时呈团粒状结构。若将其放入苗箱,蟹苗团蓬松,体间保持一定的空隙。用手将蟹苗抓起再放开,蟹苗能迅速爬开;或者使其腹部朝天后能迅速翻身复位;或用水滴包埋蟹苗,它们能迅速摆脱水的黏滞而离水逃逸。这些均为支撑力、活动能力和抗黏滞性强的优质蟹苗。劣质苗在手中无粗糙感,放入蟹苗箱内仍成团而很少散开,或放入水中垂直下沉。

(三)称重检查

将蟹苗捞起一部分,沥去水分,称 1~2 克蟹苗记数。规格达 14 万~16 万只/千克的,说明蟹苗质量较好,可以购买。规格在 18 万~20 万只/千克为中等质量苗,规格超过 20 万只/千克的为劣质苗。

(四)模拟试验

将要出池的蟹苗称取 1~2 克,用湿纱布包起来,放在阴凉处,经 8~10 个小时存放后检查,若 80% 以上的蟹苗都是活的,说明质量较好,经得住长途运输,下塘成活率较高。

(五)淡化程度和真假苗检查

购苗人员应自备一小桶淡水(淡水应取于准备放养蟹苗的池塘或附近无污染的河水),然后将一定数量的蟹苗(20~100 只)放入脸盆或大碗中,为了便于观察,往往用白色盆和瓷碗,观察其 12~24 小时存活情况。若 12 小时后 100% 存活,24 小时后绝大部分存活,那就是好苗。若苗进入淡水后死亡,则说明淡化不足或是其他种类的杂苗。必须注意,不能用产苗地的淡水,因为沿海的淡水含矿物质和盐度与育苗地的淡水不同。一些其他种类的杂苗,可能会适应当地的淡水,但购回下池后不能耐受内地淡水水质,纷纷爬向岸边,很快全部死亡,使养殖户遭受重大损失。下列4种蟹苗不能购买:一是花色苗,即蟹苗体色深浅不同、个体大小不一。若是人工繁殖的蟹苗,表明蟹苗发育阶段不一。若是天然苗,则可能混杂其他种类的蟹苗。二是海水苗,即未经淡化处理的蟹苗。三是嫩苗,即蟹苗体色呈半透明状,表明大眼幼体日龄不足,经不起操作和运输时的挤压,影响仔蟹养殖的成活率。四是蜕壳苗,即大眼幼体已有部分蜕壳变到Ⅰ期仔蟹,如果此时运输,部分大眼幼体途中继续蜕壳,易受挤压而死亡,也容易被同类残杀。

二、仔蟹的培育技术

(一)土池培育法

常规1龄蟹种土池培育是选用出苗时间与当地天然蟹苗发苗时间相近的蟹苗进行培育,天然蟹苗和人工蟹苗都可以。在土池中培育仔蟹成本低、成活率高、质量好。

1. 培育池选址与建造 用来培育仔蟹的池塘应水源充沛、水质清新、无污染,进水、排水、供电、交通方便。土质以黏壤土为好,一般面积为334～667米^2,池深0.8～1米,水深0.4～0.6米。培育池要除去淤泥见硬底,池埂坚实不漏水,池底平面向出水口倾斜。排水口处挖一集蟹槽,大小为2米^2、深80厘米,塘埂坡比为1:2～3,塘埂四周用60厘米高的钙塑板或铝板等作为防逃设施,并以木、竹桩等作为防逃设施的支撑物,土池上方搭建钢架或竹木框的塑料薄膜大棚,形状以东西向的长方形为宜。

2. 放养前的准备

(1)清塘消毒 排干池水,清除淤泥,堵好漏洞和裂缝。4月上旬灌足水,用密网拉网,地笼诱捕敌害生物;1周后排干池水;4

月下旬重新注水,满水清塘,清塘药物可用生石灰、漂白粉、茶籽饼以及虾蟹专用清塘净。一般用生石灰清塘,用量为 120～150 千克/667 米^2。

(2)设置增氧设施　配置 0.75 千瓦的增氧泵 1 台,泵上分装 2 条白色塑料通气管置于塘内,通气管上扎有均匀的通气孔,安装于离池底 10 厘米处,蟹苗下塘后要不间断充气。

(3)设置水草　用铅丝沿塘边拦一圈放养和栽种水草,水草可为伊乐藻、菹草、苦草、水花生、水葫芦等,水草放养前要先冲洗掉附着的虾籽、鱼卵,然后用 20 毫克/升高锰酸钾溶液浸泡 20～30 分钟消毒,水草种植面积应不少于整个池塘面积的 1/2,以为蟹苗蜕壳提供良好场所。

(4)培肥水质　为保证蟹苗下塘后有鲜活、高质量的适口饵料,蟹苗下塘前要培肥水质以培养藻类和水蚤,这是蟹苗放养的重要一环。在放苗前 7～15 天,加注 10 厘米深的新水,养殖老塘口塘底肥,每 667 米^2 施过磷酸钙 2～2.5 千克,拌水全池泼洒。新开挖塘口,每 667 米^2 用腐熟发酵后的畜禽粪 150～250 千克,或用绿肥在池四角沤熟,并经常翻动促其腐烂,每 667 米^2 绿肥用量为 200～400 千克。

(5)加注新水　放苗前加注新水,使水深达到 20～30 厘米。加水时要用 60 目筛绢布严格过滤,严防敌害进入池中。水色以黄褐色或黄绿色为好,透明度保持在 50 厘米左右。

3. 蟹苗下塘　放养密度每平方米 100～200 只,每 667 米^2 放养量为 0.5～1 千克,具体视蟹苗质量而定。蟹苗规格大、质量好的,密度可以稀一点;反之,则密一些。有条件的,在Ⅲ期仔蟹以后可以分塘,降低养殖密度,效果更好。放苗时应注意以下几点:① 水温温差小于 2℃,最好没有温差,放苗前一定要测好水温,做到心中有数。②一定要等清塘药物的毒性完全消失才可放苗。其方法是用玻璃杯取一杯池水对着光线看,如发现有许多浮游动物说明药效消失,可以放苗。③用蟹苗运输箱经长途运输的蟹苗,入池前要先往蟹苗运输箱上淋些水,干置片刻。因为经过长途运输的蟹苗鳃腔失去大部分水分,如果突然放入池中,会因吸水过急造成死亡,所以应先淋些水等蟹鳃腔慢慢吸满水后再放入池中。蟹苗入池前最好先将蟹苗箱放入塘内,倾斜箱体让蟹苗慢慢地自动散开游走,不能一倒了之。

4. 日常管理

(1)饲料投喂 蟹苗下塘后 3 天以池中的浮游生物为饵料,为培育足够适口的水蚤,每天泼豆浆 2 次,上、下午各 1 次,用量为每天每 667 米² 水面用 3 千克干黄豆,浸泡后磨成 50 升豆浆,直至第一次蜕壳结束变为Ⅰ期仔蟹。Ⅰ期仔蟹改喂新鲜鱼糜加猪血、豆腐糜,日投喂量约为蟹体重的 100%,每天分 6 次投喂,直至出现Ⅲ期仔蟹为止。Ⅲ期以后,日投喂量为蟹体重的 50% 左右,每天分 3 次投喂,直至变为Ⅴ期仔蟹。以后投喂量减少至蟹体重的 20% 左右,同时搭喂浮萍。

(2)水质调节 蟹苗初下塘时,水可适当浅些,一般 20~30 厘米即可。水浅有利于光合作用和水中藻类及水草的生长,也有利于浮游生物的繁殖,供给蟹苗充足的饵料。蜕壳变态为Ⅰ期仔蟹后加水 10 厘米,蜕壳变态为Ⅱ期仔蟹后加水 15 厘米,蜕壳变态为Ⅲ期仔蟹后加水 20~25 厘米,达到最高水位 80 厘米。蟹苗初下塘时前 3 天不加水,Ⅰ期仔蟹后,逐步加注经过滤的新水,达最高水位后开始换水,一般日换水量为培育池水量的 1/4~1/3。每隔 5 天,向培育池中泼洒石灰水的上清液,调节池水 pH 值为 7.5~8。

(3)水温调节 培育池一般加盖塑料薄膜大棚,要注意水温变化。早期必须严格保证水温,防止寒潮袭击造成气温急剧下降。培育后期气温上升,白天要掀开薄膜通风降温,晚上覆盖薄膜保温。整个生产过程中水温保持在 19℃~26℃。

(4)溶氧量调节 蟹苗至Ⅰ期仔蟹期间,增氧泵大气量连续充气增氧;蜕壳变态后间隔性小气量充气增氧,保持池水溶氧量在5毫克/升以上。

(5)水环境调控 培育期要控制好水位、水质,当水体透明度低于35～40厘米时,要进行换水,换水量为池水量的1/3;池内要保持占水面1/2左右的水草,过多时捞除,过少时要及时补充。

(6)防逃、防敌害 仔蟹有攀爬的习性,平时要注意防逃,在水中溶氧量较低时要注意仔蟹逃逸。同时,要防止青蛙、水蛇、水鸟等的危害,进水口用细网片过滤,以防止敌害生物进入。

(7)分塘 蟹种下塘经20多天培育变成Ⅴ期仔蟹后即可分塘转入蟹种培育阶段。仔蟹的捕捉办法以冲水诱集捞取为主,起捕的仔蟹经过筛分规格、过数后分塘放养,进入蟹种培育阶段。

(二)网箱培育法

网箱培育仔蟹是利用网箱把仔蟹围起来,箱内外水体可以自由交换,形成一个动态活水环境,以保持网箱内水质清新、溶氧量充足。同时,还具有提高饲料利用率和回捕率等优点。

1. 养殖水域的选择 风浪较少、溶解氧充足、水质清新且有微流水的河道、湖泊、库湾均可。根据仔蟹生活和栖息特点,选择水草饲料生物蕴藏丰富以及水域周围草源充足的地方。要避开主航道,水位稳定,水深1.5～2米,水域无污染。

2. 网箱结构 网箱主要由箱体、框架、浮子、沉子等几部分组合而成。网箱一般采用六面体(有盖),为便于饲养管理,一般在顶部装有拉链。

3. 网箱制作材料 箱体采用网目为0.1厘米的聚乙烯网片编结而成。框架常采用竹竿或木板,呈"口"字形或"田"字形,扎紧上下两角,用抛锚方式使它撑开,以固定网箱形状。浮子可采用塑料块或泡沫塑料块等具有明显标记的物体。沉子一般用石头拴在网箱底部。

4. 网箱规格　网箱规格不宜过大,也不宜太小,一般采用 2 米×1 米×1 米或 4 米×3 米×1 米的规格。

5. 网箱放置　根据水域条件、生长状况、管理方便等因素,在水库、湖泊等水面开阔、水位较深的天然水域安放网箱。网箱的排列一般采用"一"字形,每箱距离为 4～5 米,行距为 5～6 米,箱的1/3 要露出水面,网箱底部离水底不得低于 0.5 米。网箱放置时切忌网箱底部压在水草上面。

6. 放养前的准备　网箱下水前要检查网衣,如果发现磨损、皱结、破洞要及时修补。网箱要提前 1 周左右下塘,目的是使箱体柔软,避免幼蟹体表擦伤。网箱内设置水葫芦、喜旱莲子草等水草。入箱蟹苗要求体质健壮、规格整齐、无病无伤。同时,要做好蟹苗规格、数量的记录。下箱时,水温差异不能过大,要严格控制在±2℃以内。幼蟹下箱时间最好选择在上午 10 时或傍晚。

7. 放养密度　网箱中幼蟹的放养密度应根据水质条件、饵料生物分布状况等确定,一般为 1 万～3 万只/米³。

8. 饲料投喂　投喂可采用青精结合的方式,青绿饲料(青草)每平方米投喂 1～2 千克,精饲料可采用人工配合饲料,也可将野杂鱼、蚕蛹、蚌肉等用搅碎机搅碎成浆,洒在水草上。投喂要做到少量多次,培育前期每天投喂 4 次,后期每天投喂 2 次。在整个培育期间,投喂量所占体重比例分别为:前期 80%左右,中期 50%～60%,后期为 40%。投喂要充足,避免仔蟹自相残杀。

9. 病害预防　在每只网箱上挂 3～6 只漂白粉袋(150 克/只),5～7 天更换 1 次,既可改善水质又能预防疾病。

10. 日常管理　日常管理对培育的成败有着极其重要的作用。日常管理要做到"四勤",即勤洗网箱(保证箱内外水流畅通)、勤查网衣(查看网箱是否破损,以防仔蟹逃跑)、勤除残饵(保证水质清新)、勤观察仔蟹的活动、摄食情况,以便根据具体情况制定相应措施。

11. 出箱　网箱育苗经过 12～16 天,大眼幼体成为 Ⅲ 期仔蟹,即可组织人力准备出箱。

(三)水泥池培育法

水泥池的选择要求与土池相同,形状以圆形或椭圆形为好,一端进水,一端排水;或上面淋水,下面溢水。水泥池用前需要洗刷和消毒,特别是新建水泥池需要 1 个月以上的时间浸泡和多次冲洗。池水深 0.8～1 米,池中要投放些浮萍、水浮莲、水葫芦等水生植物,并占水面的 1/3,以供蟹苗栖息隐蔽。蟹苗放养密度为 2 万～3 万只/米³。蟹苗的饲料采用水蚤。水蚤要求鲜活,少量多次投喂。在饲料缺乏时,可投喂蛋黄、豆浆、鱼粉等。

在整个水泥池培育过程中,要保持进、排水平衡,及时清除污物,保持良好水质。水泥池培育的优点是蟹苗放养密度大,成活率高,占地面积小,幼蟹不易打洞,容易捕捞等。

(四)塑料大棚培育法

在长江流域,5 月下旬至 6 月上旬是自然状态下河蟹的繁殖季节,用这样的蟹苗养成商品蟹需要 2 个秋龄(2 年)才能完成。人们利用工厂化温室育苗,在早春就开始繁殖蟹苗,这样育出的蟹苗称为早繁苗。江淮地区生产上每年使用 4 月甚至更早一些的早繁苗,在塑料大棚培育 Ⅴ 期幼蟹,在室外温度适合时投入池塘、稻田、湖泊等水域,当年秋后便可养成商品蟹。这种利用河蟹的生物学特性缩短养殖周期的方法,对降低养殖成本、提高经济效益具有重要意义。早繁苗出池时外界温度很低,不能进行室外培育,要有加温、保温设施,生产上一般采用温室保温,配备锅炉加温或用电厂余热水、地热水进行生产。

1. 池塘的建造　培育池水源充足、水质良好,池底为硬质,池埂坚实不漏水,建池地点交通方便、电源稳定。一般面积为 334~667 米²,池深 0.8~1 米,水深 0.4~0.8 米。池子呈长方形,东西向排列,长宽比以 5:3 为宜。池子中挖一道深沟,池坡比为 1:1.5 左右。进、排水口设在池子两端,进水口用 60 目筛绢拦好,在进水口附近建相应的蓄水预热池。池底深沟内设置鼓风机管道,出风主管道接直径 1.5~2 厘米的支管道,支管道每隔 0.5~1 米钻一小孔,用于充分曝气增氧,池四周坡面距水面 20 厘米处插 15 厘米高的塑料纤维板作为防逃设施。

2. 温室大棚的建造 培育池上搭建钢架或竹木框架的塑料大棚,结构与蔬菜大棚基本相似。覆盖物选用聚氯乙烯薄膜,棚面采用双层薄膜,南面为单墙,北面为双墙,两墙间填充稻谷、麦糠等隔热保温材料,东西山墙分设门和通风窗,以利于保温防寒。大棚里必须安装热量控制、通风等装置,可以进行人工小气候调控。棚顶最高处离水面的高度应以便于管理人员操作为原则。

3. 清塘消毒 在蟹苗下塘前要清除培育池内的淤泥,堵好池底和四周的漏洞和裂缝。还要用药物消毒,杀灭池内的敌害生物和病原体。清塘消毒药物有漂白粉、生石灰等,用量为每立方米水体用含氯 36%~40% 的漂白粉 20 克全池遍撒,生石灰每 667 米² 水面用 150 千克。放养蟹苗前必须试水,确定无毒后才能放苗。

4. 水质培育 清塘 5 天后把池水抽干,注入新水,投放发酵后的鸡粪 200 千克,用来培肥水质,放苗前 2 天,捞出水中的杂物和污物。

5. 接运蟹苗 早繁苗运输时,室内外温差大,蟹苗下塘操作要十分细心。蟹苗到塘口后,应将蟹苗运输箱放入池水中 2 分钟,再提起,如此重复 2~3 次,使蟹苗适应培育池的水温和水质,然后将蟹苗箱放入暂养箱中暂养,待活蟹苗自动游出,再撤出网箱。

6. 蟹苗放养 放养前进水预热,当大棚水温稳定在 18℃ 左右、天气晴朗阳光充足时,就可以放苗。放养密度为 400~600 只/

米²。规格大、质量好,密度可稀些;反之,则密些。蟹苗入池后即开机充气增氧,有条件的可以搞塑棚分级培育,在Ⅲ期仔蟹以后,再分塘培育,这样效果更好。

7. 移植水草　在蟹苗下塘前7天左右,进行水草移植。移植的水草应选择生长快、茎叶不易腐烂的品种,如水花生配少量水浮萍,也可用水葫芦或水浮莲。不宜选用轮叶黑藻、菹草等沉水植物,因它们在温室水体中极易腐烂死亡,败坏水质。投放水草前要先用河水冲洗,洗去虾籽、鱼卵,然后用10毫克/升高锰酸钾溶液浸泡24小时,以杀灭有害微生物。水草群落要相对固定,不能随意漂浮。可在离池边2～3米处设置一圈纱网,底部埋入泥中20厘米,上面高出水面10厘米,中间每隔1米要用桩固定,纱网网目为20目,把蟹苗和水草拦在纱网与池边的中间地带,水草面积宜保持在总水面的50%左右。

8. 精心饲养

(1)温度　仔蟹阶段的适温范围为10℃～30℃,最适水温为25℃左右。水温变幅应保持在3℃左右,不宜过高或过低。水温下降至12℃以下,蟹苗会出现冻死现象;水温下降至8℃以下,蟹苗会成批死亡。因此,要严格控制大棚内的温度。通过各种方法加温调节棚内温度,使蟹苗在合适的温度下生长。

(2)投喂　投喂蟹苗的饲料采用鲢鱼、鳙鱼等淡水鱼煮熟后去除骨刺制成的鱼糜和鸡蛋做成的蛋糕,两者比例为5∶1。用20目筛绢过滤带水搓浆,加水均匀泼洒在水草上。日投喂量为池苗体重的100%,分8次投喂。1周后大部分蟹苗蜕壳成为Ⅰ期仔蟹,此时把边网全部撤掉,改用草绳把水草拦在原位置。变为Ⅱ期仔蟹后,日投喂量为池蟹重量的80%,全池泼洒,池边投70%,池中投30%。饲料为鱼糜、蛋糕和配合饲料,每日投喂8次。变为Ⅲ期仔蟹后,幼体适应能力增强,90%的个体都在池边水草中活动栖息。投喂以池边四周为主并开始定点投喂,每日投喂4次。Ⅳ

期仔蟹后,日投喂量为池蟹重量的50%,每日投喂3次,即白天1次,夜间2次。Ⅴ期仔蟹后,日投喂量为池蟹重量的15%,每日投喂2次,早上喂1/3,夜间喂2/3。在每次蜕壳达到5%时,在饲料中添加适量的复合饲料添加剂,增加河蟹蜕壳整齐度和蜕壳成活率。

(3)水位调节 蟹苗入池时水位为30~40厘米,入池1周内不换水,1周后变为Ⅰ期仔蟹后加水15厘米,变为Ⅱ期仔蟹后再加水15厘米,变为Ⅲ期仔蟹后再加水20厘米,此时达到最高水位70~80厘米。

9. 加强管理 每日巡塘3次,早上查摄食情况;有青蛙、老鼠、蛇类等有害生物进入池内必须及时捕杀。中午查生长情况,勤检查防逃设施,发现破损及时修补。傍晚查水质变化,便于及时换水或消毒。

蟹苗入池后,全天候开机充氧。5天后开始换水,换水量从前期的5%~15%逐步加大到50%,后期达到100%。前期每天换水1次,后期每天换水2次。水源需增温,换水时温差不能超过3℃,宜在下午2~5时换水,先排后灌。若温差过大,需放慢进水速度。每次蜕壳前都要泼洒些磷盐、钙盐,以防止幼蟹磷、钙不足。定期更换水草,防止老草腐烂,引起水质恶化。在整个培育过程中池水pH值宜保持在8.5~8.8,溶氧量在4毫克/升以上。

10. 仔蟹出池 当5月中旬以后,室外水温上升至15℃以上时,大棚培育的Ⅴ期仔蟹可以出池,此时规格在0.5万~0.6万只/千克。捕捞时用纱网捞取水草,把水草放在鱼筛上,鱼筛放在澡盆或大桶里,抖动水草,将水草中的仔蟹抖入澡盆或大桶中后再放水中,这样每天轮番捕2次,经过10天左右的捕捞,绝大部分的仔蟹能被捕出。

三、蟹种的培育技术

(一)土池培育法

蟹种培育池和仔蟹培育池的大小、池深不同,可以独立建造塘口,也可以采用大池套小池的形式,利用培育时间不同,待仔蟹培育结束后,过数、分塘,直接在本塘进行蟹种培育。

将Ⅴ期仔蟹培育至翌年3月底即成为1龄蟹种,可以通过放养密度变化和饲料投喂来控制蟹种养成后的规格,适宜养殖成蟹的蟹种规格一般为100～200只/千克。1龄蟹种培育是河蟹生产过程中最为重要的一环。培育1龄蟹种的适宜水温为15℃～30℃,最适水温为22℃～30℃,当水温低于10℃时采食量减少,甚至进入冬眠状态;水温超出3℃,生长发育受到抑制。适宜溶氧量为5毫克/升,pH值7～9,最适pH值为7.5～8.5。这一阶段周期长,蜕壳次数多,个体发育快,还要不断补充营养盐类和微量元素。

1. 池塘条件与设施

(1)地点选择　培育蟹种的池塘应选择在水源充足、水质良好、无污染、排灌通畅、交通方便的地方。池塘面积以1 334～6 670米² 均可,为了便于操作,以2 001～3 335米² 为宜。水深1.2～1.5米。池塘底质为沙壤土,池塘走向以东西向为好。

(2)排灌设施　蟹种采食量大,新陈代谢旺盛,经常在池底爬行。在活动过程中,沉积在底层淤泥中的有机碎屑易扩散到水体中分解,对池水中溶氧量、pH值等影响较大。因此,池塘必须有良好的排灌系统,做到高灌低排、排灌分开。

2. 防逃、防敌害设施　蟹种具有很强的攀爬能力,所以建造防逃设施的材料必须光滑坚固,周边无供蟹足支撑的锐角和向上

攀附的基点,同时要考虑成本和取材方便。在池塘的池埂上面,沿池塘四周设置围栏防逃。防逃设施所用材料为钙塑板、石棉板、玻璃钢、白铁皮、聚乙烯薄膜等,其高度为 0.6 米。具体做法是:离池边 1 米处围绕池四周打竹、木桩,竹、木桩入土 0.5 米,地上部分为 0.6 米,桩和桩之间用粗绳拴牢。然后设置拦板(薄膜),拦板(薄膜)要平整、光滑,避免出现皱褶,接近地面的部分要留 20～30 厘米,用土夯实。池塘四角要砌成弧形,防止河蟹攀爬。为加固围栏,可在外侧竹、木桩上,加一个斜撑桩。围栏不能过高,防止被大风吹倒。在防逃围栏的外围,沿池塘四周,用聚乙烯网布平行于防逃网位置设一圈防敌害生物网,以防止蛇、蛙、鼠类等有害生物入侵。

3. 放养前的准备工作

(1)清塘消毒 秋、冬季排干池水,铲除表层 10 厘米以上的淤泥,晒塘冻土。池塘消毒一般在扣蟹投放前 15 天进行,用生石灰化水全池泼洒,生石灰用量视塘内水量酌情增减,一般每 667 米²用 75～150 千克。

(2)移种水草 4 月中旬开始种植水草,蟹池中的水草分布要均匀,挺水、沉水及漂浮性水生植物要合理栽植、移养,保持相应比例。在池坡内侧栽植水花生,移栽茭白、慈姑等,在池中培育瓢莎、青萍、细绿萍,在池底栽插轮叶黑藻、金鱼藻,撒播苦草等。蟹池中移种水生植物,这是提高蟹种成活率的关键性措施。水生植物既可为幼蟹提供饲料,又可为幼蟹提供栖息、蜕壳的隐蔽场所,同时可改良水质。水草面积应控制在池塘面积的 1/2 左右。

4. 仔蟹放养 应放养第Ⅲ期至第Ⅴ期的仔蟹。

(1)仔蟹质量 Ⅲ期仔蟹规格为 2 万只/千克,Ⅴ期仔蟹规格为 0.5 万～0.6 万只/千克。仔蟹必须规格均匀,附肢齐全,爬行活跃,无伤无病。严禁掺杂软壳仔蟹,外购仔蟹要求无病无伤、体质健壮。

(2)仔蟹放养时间和放养密度 仔蟹放养时间应与常规蟹苗育成豆蟹的时间衔接,长江流域一般在5月底至6月下旬,放养密度为2万~4万只/667米²,具体放养数量视苗体大小和来源确定。规格小和外购仔蟹放养量适当加大,反之则少放些。放养时沿池塘四周均匀散开使仔蟹自行爬走。

5. 投喂管理

(1)饲料种类 河蟹是杂食性动物,食性广,宜用的天然饲料有萍类、水花生、各种沉水植物、野杂鱼、螺类、蚌类等,人工饲料可选豆腐渣、饼粕、谷物、玉米等以及配合饲料。

(2)投喂方法 在保证培育池内水草充足的情况下,日投喂量为池内蟹体重的5%以内;7月份前和9月份后动物性饲料占70%,7~9月份动物性饲料占90%。所投饲料用面粉作为黏合剂,制成颗粒状均匀撒在池塘四周水位线或浅水处的斜坡上,以便于观察河蟹摄食。7月上旬前早、晚各投喂1次,7月中旬至8月底隔天投喂1次,均在傍晚时投喂;9月上旬至11月上旬每天投喂1次,傍晚时投喂。

6. 水质管理

(1)换水 蟹对水质的要求比鱼类高,尤其对污染的水体敏感性较强。池塘水体溶氧量应保持在5毫克/升以上,在2毫克/升以下便会出现死亡。水质好有利于河蟹的生长发育。仔蟹下塘后,水温不高,水位不需要很高,且下塘初期也需要一定的肥水。此时,每周加注新水1次,每次加水10厘米。从6月份开始,水温逐渐升高,水位要求随水温升高逐渐加深。7月份以后,保持水深1.5米,每7~10天换水1次,换水量视水质情况而定,每次换水深度20~50厘米。河蟹饲料中蛋白质含量高,高温季节很容易使池水变肥,要随时换水,降低池水肥度。8~9月份天气经常发生突变,当水质过老、过肥时,仔蟹大量爬上水草和塘埂,轻者夜间出水,重者白天也不下水,刚蜕壳的幼蟹易发生死亡,这是池塘缺氧的典型特征,要迅速注入新水改善水质。

(2)调节 pH 值　培育池池水 pH 值应保持在 7～9,最适为 7.5～8.5。7 月份以后每月泼洒生石灰 1 次,用量为 10～15 克/米^2,以提高河蟹对饲料的利用和促使其顺利蜕壳。

7. 日常管理　仔蟹下塘后,应每天值班巡塘,观察水质变化和仔蟹活动,发现异常情况,及时处置。具体措施如下。

(1)防逃　仔蟹虽然不会集中洄游,但当天气闷热、水质变坏时,仔蟹耐受不了恶劣环境,也会集群逃跑。因此,培育过程中应经常检查防逃设施,如有破损及时修补。还要及时清除防逃围栏附近的杂草,防止顺草逃跑。河蟹还有逆水而行的习性,培育池进水口经常流水,引诱仔蟹大量聚集,虽然不能从进水口逃出,但会集中到进水口附近打洞,把堤埂打通。所以,要在进水口用聚乙烯网布围 1 个面积为 10～20 米^2 的围网,使仔蟹不能接近进水口,防止其打洞逃逸。

(2)防天敌　仔蟹个体很小,敌害很多,野杂鱼、泥鳅、黄鳝、蛇类、鸟类、蛙类、老鼠都是仔蟹的天敌,因此清塘要彻底,进水口和排水口都应用网布过滤,防止敌害进入,及时捞去蛙卵,下笼张捕泥鳅、黄鳝,捕捉青蛙、蛇类,驱赶水鸟。老鼠是仔蟹最大的天敌,要经常检查和修补防敌害生物网,并进行人工捕杀予以清除。

8. 蟹种起捕　蟹种捕捞的方法很多,如可以利用蟹种的趋流性和趋光性用流水或灯光诱捕,也可用竹丝笼、地笼捕捉,最后干池捕捉。将多种方法结合使用,蟹种的起捕率可达 95% 以上。

9. 控制蟹种性早熟的办法　河蟹性早熟是指蟹苗在培育成蟹种的过程中有相当数量的个体,性腺发育接近成熟或达到成熟,这种性早熟的河蟹称为小老蟹,在养殖过程中会陆续死亡,基本没有经济价值。据统计,在培育蟹种过程中小老蟹约有 20% 的出现率。为了降低小老蟹的出现率,减少养殖损失,可采用下列预防方法。

(1)降低积温　从缩短生长期和降低温度两方面进行。人工育苗时间早,蟹种生长周期比天然苗长,积温自然高,所以容易出现性早熟。如果用出苗时间与天然苗相近或迟于天然苗的人工苗培育蟹种,不但缩短了养殖期,有效积温也大大下降,蟹种性早熟的比例也会降下来。

(2)加深水位　培育蟹种的池塘蟹沟挖深些,池埂筑高些,夏天高温季节将水位提高至1.5米。

(3)多种水草　池塘四周栽水花生,水面养红萍、细绿萍,这些水生植物生命力强、繁殖快,可有效地覆盖水面,降低水温。

(4)控制投喂　从大眼幼体至Ⅲ期仔蟹阶段多投喂饲料,Ⅲ期至Ⅴ期仔蟹阶段减少投喂量、降低饲料质量(蛋白质含量),Ⅴ期仔蟹阶段以后少投喂或不投喂,越冬前适当增加投喂量,提高饲料质量(蛋白质含量)。

(5)适当换水　每次换水都会引起仔蟹大量蜕壳,因此在水质相对稳定没有大变化的情况下适当减少换水次数,定期用生石灰水改善水质,可以控制性成熟,并减少生产成本。

(6)选购优质蟹苗　种质纯正、个体大的亲蟹,繁殖的后代个体大,性成熟比例相对较低。因此,需苗量大的生产单位,可用订单式购苗,联系信誉好的产苗单位,自己提供亲蟹,回购蟹苗。

(二)网围培育法

1. 水域条件　要求池底平坦,水生植物茂盛,底栖动物丰富,水质清新,无污染,环境安定。正常水位在0.6～1.5米,最深水位不能超过2米。

2. 网围设施建造　网围设置分2种类型:①如设置在养殖成蟹网围内的,为单层结构;②单独设置网围,则为双层网结构。网片采用密网目无结网,网围外侧用竹桩固定,底部用石笼埋入或用竹竿子插入泥中,上端加设防逃设施,拦网高度以高于当地最高水位 1 米为宜。单独设置网围的外围再设一层保护网,以确保安全。

3. 放养前的准备工作

(1)清害除野 在仔蟹放养前采用地笼、电捕等多种方法彻底清除网围内的野杂鱼类,以减少敌害对河蟹的侵袭,提高河蟹成活率。

(2)环境改造及天然饵料生物的培育 做好水生植物的养护、种植。保护当地水生植物,种植或移栽伊乐藻、苦草、聚合草,移放水花生、水葫芦、浮萍等。在清明节前后投放螺蛳,每 667 米² 水面不低于 200 千克,确保良好的水体环境和丰富的饵料资源。

4. 仔蟹放养

(1)放养时间 应根据不同水域的水文条件灵活掌握,适宜时间一般为 6~8 月份。

(2)仔蟹质量要求 仔蟹要求为长江水系苗种,且规格整齐,活动能力强,无伤无病,附肢齐全。合适的放养规格为 1 500 只/千克。选择稍大一些仔蟹放养的原因是此种仔蟹抗逆能力强,回捕率高。

(3)放养量 放养量应根据水域天然饵料资源确定,一般掌握在 1.5 万只/667 米²。

5. 饲料投喂 饲料以新鲜水草为主,如网围中生长的天然水草不能满足养殖需求,则必须每天投喂。初始日投喂量为蟹体重的 40%~60%,以后逐渐增加,以保持网围内生长的水草群落不被破坏为度。9 月底至 10 月初可适当补充人工饲料,日投喂量为蟹体重的 3%~5%,以增加蟹种体内的营养积累,增强蟹种体质,提高越冬成活率。

6. 日常管理

(1)坚持早、晚巡塘 白天主要观察水温、水质变化情况,傍晚和夜间主要观察河蟹活动、摄食情况,以便及时调整管理措施。

（2）网围维护　定期检查、维修，加固网围设施。特别是在汛期和台风季节，更要加强巡逻检查，及时做好设施的加高、加固工作，发现问题及时解决，防止河蟹逃跑。

（3）加强对软壳蟹的护理　在蟹种蜕壳高峰期要给予适口的饲料，提供良好的隐蔽环境，以减少自相残食现象的发生。

另外，还要每 20 天左右用 10 毫克/升生石灰溶液泼洒 1 次，以改善水体环境。

四、蟹种的质量鉴定

从全国河蟹养殖现状来分析，直接影响养殖效果的为蟹种质量、环境及饲养管理技术这三方面因素，其中蟹种的选择尤为重要。蟹种是成蟹养殖的基础，直接关系着养蟹的成败和经济效益。目前，市场上的品种多且杂，有天然长江水系蟹种、人工苗培育蟹种，有辽蟹、瓯江蟹，还混有性早熟蟹等。从饲养效果看，天然长江水系的蟹种和人工苗培育的长江水系 1 龄蟹种，饲养效果好，生长期长，回捕率高，养殖产量高，而辽蟹、瓯江蟹生长期短、回捕率低。性早熟蟹种因性腺发育早熟，生长季节不能正常蜕壳生长，会大批死亡，无饲养价值。因此，养殖河蟹应选用长江水系天然蟹种和人工培育的 1 龄蟹种。选择蟹种时应注意以下几点。

（一）看水系

首选长江水系的中华绒螯蟹蟹种。长江、瓯江、辽河水系河蟹的主要形态差别和主要经济指标比较见表 7-1 和表 7-2。

表 7-1　长江、瓯江、辽河水系河蟹的主要形态差别

项　目	长江水系	瓯江水系	辽河水系
体形（头胸甲）	不规则椭圆形	近似方形	方圆形，体厚（高）
背甲凸起	明　显	低　平	后 2 个叶低平
背甲颜色	淡绿色或黄绿色	灰黄色或深黑色	青黑色或黄黑色
腹部颜色	银白色	灰黄色有水锈	青色带锈色
步足颜色	腹面银白色	均为黑色	淡黄色带灰色
步足刚毛	稀短、色淡黄	短、细、少，黄色	粗、长、密，红黄色
额齿及凹陷	大而尖锐、凹陷深	小而钝、凹陷略平	大、凹陷较平
第四侧齿	尖状、大	角状、小	角状、略大
第四步足指节	长、细、窄	短而扁	短　扁

表 7-2　长江、瓯江、辽河水系河蟹主要经济指标比较

项　目	长江水系	瓯江水系	辽河水系
生长情况	生长迅速，个体大	生长速度一般，个体小	生长速度慢，个体小
成蟹规格	湖泊 100～250 克	35～150 克	50～125 克
	池塘 70～150 克	15～100 克	30～100 克
回捕率	湖泊 30%～40%	0.5% 以下	3%～20%
成活率	池塘 50%～80%	5%～20%	20%～60%
性腺发育及洄游期	9～11 月份成熟，9 月中旬洄游，高峰期为 10 月中旬	8 月份成熟，10 月下旬至翌年 2 月份洄游，无高峰期	8 月份成熟，8 月中旬至 10 月初洄游，高峰期不明显
成蟹颜色	背甲墨绿色，腹部白色，步足腹面白色	背甲墨绿色，具大颗粒黑色素，腹部锈黄色，步足腹面发黑	背甲青灰色，腹部淡黄色，步足腹面青灰色

(二)看 来 源

一查亲本规格质量。亲本规格要求雄体 150 克以上,雌体 100 克以上。二查蟹种培育的水源环境盐度情况。在高盐度环境里培育的蟹种个体小,性早熟蟹比例高。

(三)看 体 质

个体完整,指节无损伤,无寄生虫附着,体质健壮,无畸形,活动翻转有力,规格整齐(100～200 只/千克)。

(四)看蟹种是否性早熟

性早熟蟹种因性腺发育成熟不能正常蜕壳生长,很快大批死亡,无饲养价值。其个体规格为每千克 20～30 只,其大小与大规格蟹种差不多,很难将它们区分开来。因此,掌握蟹种和性早熟蟹的区别方法,在购买和养殖成蟹前及时将其剔除,对于养殖生产至关重要。河蟹在正常情况下,性腺在翌年秋末冬初达到成熟。性成熟的成蟹称绿蟹,未成熟的称黄蟹。成蟹于第三年春繁后在浅海死亡。雌体寿命 22～24 个月,雄体为 22 个月。而性早熟蟹雌体寿命为 10～12 个月,雄体为 10 个月左右,养殖到翌年春季死亡率可达 60%～90%。正常蟹种和性早熟蟹雄体、雌体的主要区别见表 7-3 和表 7-4。

表 7-3　正常蟹种与性早熟蟹雄体的主要区别

特　征		正常蟹种	性早熟蟹
螯足绒毛	密　度	稀疏而短	密而长
	颜　色	浅黄色	黑　色
	分　布	呈∩形	呈O形
	数　量	短而细	粗而长且坚挺
步足绒毛	颜　色	浅黄色	深黄色
	斑　点	有	无
体表颜色		呈土黄色	呈墨绿色
交接器	颜　色	暗白色	瓷白色
	硬　度	易弯不断	易断不弯

表 7-4　正常蟹种与性早熟蟹雌体的主要区别

特　征	正常蟹种	性早熟蟹
体表颜色	呈土黄色	呈墨绿色
腹脐形状	三角形或近似三角形	椭圆形
腹脐周边绒毛	无或有稀疏浅黄色毛	着生密而黑的绒毛
第一至第四腹甲	无或有稀疏浅黄色毛	浓厚绒毛
卵巢颜色	不见明显的紫褐色卵巢	卵巢呈紫褐色或豆沙色
生殖腺指数	10%左右	不超过 0.7%

第八章 河蟹的池塘养殖

池塘养殖河蟹,大致开始于 20 世纪 80 年代中期。这种养蟹方式与大中型水域人工放流等方式相比,具有单产水平高、管理和起捕方便、产量集中、有利于批量销售等优点,适合于一家一户经营,因此发展很快。目前,池塘养蟹是河蟹养殖的主要方式之一。

池塘健康高效养殖河蟹就是通过改革以往的养殖模式,与其他鱼、虾进行合理的轮养、套养,采用生物制剂定期净化水体环境,并在池塘内种植水草,移植螺蛳,控制放养密度的生态养殖技术,加强投入管理,从而改善池塘水体环境,减少池水交换量,达到无公害水产品养殖的要求,提高池塘养殖中河蟹的品质、规格、产量和效益。

一、蟹池条件

(一)池塘位置

交通便利,靠近水源,水量充足,水质良好、无污染,水质应符合《渔业水质标准》和《无公害食品 淡水养殖用水水质》的规定,适宜水温为 15℃～30℃,最佳水温为 22℃～25℃;溶解氧达到 5 毫克/升以上;适宜 pH 值为 7～9,最佳 pH 值为 7.5～8.5;适宜水体透明度为 30～50 厘米,最佳水体透明度在 50 厘米以上;氨氮含量不超过 0.1 毫克/升;不得检出硫化氢;淤泥厚度不超过 10 厘米;底泥总氮低于 0.1%。池塘的土壤符合国家《土壤环境质量标准》的要求。

(二)池塘形状和面积

蟹池的形状以长方形、东西向为好,这样的池塘受光面大、光照时间长,有利于浮游生物生长繁殖。蟹池面积大小没有严格要求,但一般以 6 670～13 340 米² 为宜。池塘太大不易管理,对投喂、防病、水质控制等方面不利。

(三)池塘水深

池塘水深以 1～2 米为好。各处可深浅不一,深处 1.5～1.8 米、浅处 10～20 厘米均可。池水深浅也可按不同季节的需要进行适当调整。池壁最好是石壁或水泥板壁。如果是土池边坡,坡比一定要大,背阳面坡比为 1∶2～2.5,向阳面为 1∶3～4。能筑成阶梯状更为理想,每阶 20～40 厘米,以增加河蟹蜕壳和上岸觅食活动的场所。也可以在给蟹池清淤时,在池塘四周人为堆积或留出一定的浅水区和坡地,供河蟹夜间觅食或遇到池水水质不良时作为退避场所。一般坡地宽度为 2～3 米。

(四)防逃设施

养蟹池周围的防逃设施是河蟹养殖能否成功的关键措施。由于河蟹具有很强的攀爬能力,故要求防逃材料必须牢固可靠,确保河蟹无法外逃。在建造防逃设施时,要求接缝处一定要严密、光滑,不留攀爬支撑点;4 个拐角要呈圆弧形,不留直角,以免河蟹可能叠加逃逸;防逃设施尽可能垂直竖立,内壁要光洁,砖墙等能承受一定重量的防逃设施,可在上沿加倒檐;所选建设材料要经久耐用,并尽量就地取材,降低造价。

各地条件不同,防逃设施也多种多样,常用的有以下几种。

1. 砖砌矮墙防逃 在池埂中央或池埂内侧所留的坚硬平台上,砌一道单层砖墙防逃。墙基要深入土层 15～20 厘米,露出土层部分高度为 40～50 厘米。墙顶横放一层砖作为倒檐,向内延伸5～10 厘米。这种防逃墙厚约 13 厘米,每米长度需砖块 60～70块,墙内侧水泥抹面。造价稍高,但经久耐用,一般可使用 10 年以上。想长期利用池塘养蟹者,选用砖墙防逃比较理想。

2. 空心水泥砖墙防逃 防逃墙采用空心水泥砖砌成,空心砖一般长为 36.5～39 厘米、宽为 18～19 厘米、高为 18.5 厘米、边缘厚约 3 厘米。施工时在池埂中间开一条深 20 厘米左右的沟,用一层空心砖做墙基,土层以上部分垒 3 层空心砖,砌成高约 55 厘米的防逃墙。墙顶再盖一层水泥预制板作为倒檐。预制板厚约 2 厘米,伸向内侧 10～20 厘米,墙内侧也用水泥抹面。这种防逃设施很坚固,可用 8～10 年。

3. 石棉板防逃 板高 60 厘米左右,垂直插入池埂土中 10～20 厘米,板与板之间严密对接,外侧用毛竹、木桩支撑固定,支撑桩每 1 米左右设置 1 根,用铁丝将石棉板与支撑桩紧紧绑在一起。

4. 玻璃钢板防逃 用高 60～70 厘米的玻璃钢板,插入土中20 厘米左右。内外两侧均用毛竹、木桩固定,每米设置 1 根。内侧可稍短,但要光滑,以防河蟹攀爬。

5. 塑料薄膜防逃 将塑料薄膜按 50～60 厘米的宽度双层整块剪下,沿蟹池四周围起来。在薄膜夹层中放置一根铁丝,提到顶端拉紧,将铁丝固定于薄膜外侧的木桩、竹竿上。一般每 3～4 米设 1 根固定桩。薄膜下缘埋入土中 20 厘米左右,将土压实。这种防逃设施造价低,但仅能使用数月,最长不超过 1 年。

其他防逃材料还有普通玻璃、镀锌铁皮、水泥预制板、铝板等,设置方法与上述几种相似。

二、池塘清整消毒

池塘清整在冬季进行,先排干池水,冻晒 1 个月后铲除塘底过多的淤泥（只留 10 厘米左右，用于种植水草和培育底栖生物），安装好进、排水口防逃铁丝网，维护好池埂。然后在蟹种放养前 15 天彻底清塘。先向池中注水 30～50 厘米深，每 667 米² 施生石灰 50～60 千克（将生石灰加水化开后，趁热时全池泼洒）。清塘以后进水时，用 60 目规格的聚乙烯网袋过滤，防止野杂鱼类及其鱼卵进入池塘，对蟹种造成影响。

三、蟹种放养

由于受气候、土壤条件的不同及运输等因素的影响，本地培育的蟹种成活率、抗病性及生长等都明显好于外购的蟹种。因此，宜选择自己培育或本地培育的长江水系蟹种，尽量不买外地蟹种。所购蟹种要求规格一致，活泼健壮，附肢齐全，其体色以青灰色或黄绿色为好。蟹种放养时间宜在当年的 11 月份至 12 月底和翌年的 2 月底至 4 月初，其中以初春放养较为适宜，放养水温为 4℃～10℃，应避开冰冻严寒期。

适宜的放养密度为 300～1 000 只/667 米²，一般每平方米放 1 只左右，放养规格为 100～300 只/千克。要求苗种个体规格整齐、活力强、无断肢、无性早熟。养大规格成蟹最好的放养密度为 250～350 只/667 米²，放养蟹种规格为 100～120 只/千克。具体的放养密度应参考养殖户自身的养殖经验、池塘条件等来决定，养殖经验丰富、池塘条件好（如水草多、水质好、水量充足、饵料丰富的）可适当增加放养量。

蟹种放养前先用 8 毫克/升高锰酸钾溶液浸泡消毒 10～15 分钟，或用 3%～5% 食盐水浸洗 3～5 分钟，再放入成蟹池暂养区（暂养区面积为总池塘面积的 1/3 以上）。

放养时间一般在 2 月底至 3 月份。

四、科学套养鱼虾

根据近几年来的生产实践,介绍几种效益较好的套养模式。

(一)鲢、鳙鱼套养

蟹种放养后 15 天,放养 10～17 厘米的鲢鱼、鳙鱼鱼种 20～30 尾/667 米^2(其中鳙鱼 10 尾/667 米^2)。也可在 6～7 月份套放鲢鱼、鳙鱼夏花 1 000～2 000 尾,以保证翌年鲢鱼、鳙鱼鱼种的数量。

(二)南美白对虾套养

6 月份放养南美白对虾淡化苗,每 667 米^2 放淡化苗 2 万～3 万尾,规格为 1～1.5 厘米。鲢鱼、鳙鱼夏花 200～300 尾。

(三)澳洲淡水龙虾套养

5 月下旬至 6 月上中旬套放澳洲淡水龙虾 200～300 只/667 米^2,规格为 1.2～1.5 厘米。

(四)青虾套养

青虾苗种在 6 月中下旬放养为宜,要求规格在 1～1.5 厘米,放养量在 2 万～3 万只/667 米^2。具体放养量依照池塘有关生态条件和管理水平酌情增减。

(五)鳜鱼苗种套养

如池塘条件较好,进、排水方便,可在 5 月下旬至 6 月上旬套养 5～8 厘米的鳜鱼苗种,放养量为 20～30 尾/667 米^2。同时,放养鲢鱼、鳙鱼鱼种 30 尾/667 米^2,以消耗水体中的浮游生物,改善水质。6月初再放养体长2厘米左右的鲫鱼夏花5000～6000尾/667米²,作为鳜鱼的饵料鱼。

(六)黄颡鱼套养

3～4月份放养隔年黄颡鱼鱼种,放养密度为200～300尾/667米²;或6月中旬放养黄颡鱼夏花1000～1500尾/667米²。

(七)翘嘴红鲌套养

5月上旬放养规格为34尾/千克的翘嘴红鲌苗种,放养密度为200尾/667米²。

五、种植水草

"蟹大小,看水草"。"要想养好一池蟹,先要种好一池草"。这些说法都是河蟹养殖户的口头禅,却阐明了水草栽种是河蟹养殖的关键技术之一。水草是河蟹的天然饲料,又是河蟹栖息、蜕壳、避敌的隐蔽场所,还可净化水质,又能促进河蟹的天然饵料——螺、虾、蚌、水生昆虫等的大量繁衍。可是一般的池塘中水草较少,满足不了河蟹生长的需要,只有采取人工栽培或移植的方法来解决。栽种水草的品种不宜单一,要多样化,其品种有浮叶植物紫背浮萍、水花生、菱角等,沉水植物苦草、轮叶黑藻、伊乐藻等。水草的覆盖面应占池塘水面的30%～50%为宜。

(一)紫背浮萍

紫背浮萍是蛋白质含量较高的植物之一。如果按干物质计算,人工种植的紫背浮萍叶片含粗蛋白质高达64%,其他部分的蛋白质含量也高达20%,平均粗蛋白质含量为45%。紫背浮萍不含有毒生物碱,而且纤维素含量较低,有利于草食性鱼类和河蟹的消化吸收。

紫背浮萍主要为无性繁殖,每个植物体都由分裂组织产生新的植物体。浮萍的每个植株在其生命周期内能产生 10～20 个新的植物体,而且生长速度比人们熟知的水葫芦还要快 30%。在养分、阳光充足的条件下,紫背浮萍可以在 16～48 小时内增重 1 倍。在 10 天至数周内可以从 1 片叶片扩展到 10 片叶片,生长速度几乎比所有的高等植物都快。紫背浮萍一般年产量为 5 000～10 000千克/667 米²(新鲜浮萍),如果温度适宜、水质肥沃,产量还可更高。

待池塘水质转肥后,每 667 米² 水面投放种萍 100～150 千克,最好在 3～4 月份接种,此时气温相对较低,有利于浮萍的运输,而且成活率也高。前一年栽培紫背浮萍的池塘,翌年不需再投放,随着水温升高,浮萍即能自然繁殖。

干旱少雨季节和天热时,早、晚应经常用小型潜水泵向浮萍表面喷水,或用增氧机搅水,以利于浮萍降温和出芽分裂、繁殖。

(二)水 花 生

水花生又名喜旱莲子草,为宿根性水生植物,适应性强,生长快。凡是有水的地方都能生长,在高温条件下生长更快。

水花生是畜、禽、鱼的优良水生青绿饲料。在蟹池内种植水花生不能超过蟹池面积的 20%,在蟹池中成块成片地种植,使之全部漂浮在水面上。蟹池内种植水花生后,蟹就能经常摄食水花生的根须和部分叶片,以及附着在水花生上的丝状藻、硅藻等藻类和钟形虫、聚缩虫、轮虫等水生动物。同时,水花生能引诱水蚯蚓、小鱼、小虾及水生昆虫等。这样,既丰富了蟹的饲料,又降低了饲喂成本。

在 3～4 月份,割取陆生水花生,在池塘四周离塘边 1 米处设置宽约 2 米的水草带。在水花生生长旺季应及时割除过量的水花生,以防水体溶氧量过低并造成水质恶化。

(三)菱 角

菱角是 1 年生草本浮叶植物,菱茎蔓长,常生长在底土松软的池塘、湖泊、河沟、水渠以及深水湖沼等水域。菱角喜温暖湿润,不耐霜冻,在温度 13℃以上开始萌芽,一般从种子发芽到果实成熟约需 150 天。池塘种菱,一般选择红菱等品种。播种前需将池塘水草、青苔等野生植物清除,在清明节前后播种。播种前将种菱装在竹篓中,沉入浅水池中发芽。待芽长 1~1.5 厘米时,即实行条播,行距 2 米,株、行两端插上竹竿作为标记,1 人撑船,1 人播种。每 667 米² 播种量为 23~25 千克,约 1 200 株。

一般在 10 月份开始采摘菱角,每 7 天左右摘 1 次。10 月下旬在采摘的同时,应根据翌年种植计划,选择果实大、老熟的果实留种。保种方法是:将菱种置于竹篓中,竹篓吊于水中的毛竹架上,上不露出水面,下不接触泥底,以免其受冻腐烂。养蟹池塘种菱的效益一般比常规养殖每 667 米² 增加 1 000 元左右。

(四)苦 草

苦草又名面条草、扁担草、韭菜草,是典型的沉水水生植物。它在适宜的水体生态环境中,生长分蘖速度快,能迅速地形成茂盛的"水底森林",能营造水体优良的生态环境,亦是河蟹喜食的植物性饲料,还能为河蟹栖息、蜕壳提供隐蔽的场所。

播种前将池塘裸露 90%的面积灌水 15 厘米深左右,于 4 月上中旬播种。播种前将苦草种子在太阳光下晒 1~2 天,再用水浸种 10~15 小时后捞出,用擦板搓出草籽。成熟的苦草种子,形似枣核,呈黑色,籽粒很小,一般长 3 毫米左右、直径 0.4 毫米左右,滤除水和黏液后,用泥沙或湿润的细土均匀拌种撒播全池塘,每667 米² 播种量为 50~75 克。

在适温水体中,苦草的种子历经 4~5 天开始萌芽,15 天内基本出齐,一般出苗率达 90％左右,须根随着温度升高不断分蘖,丛生叶片日渐茂盛,历经 1 个月时间叶片长到 5～8 厘米,迅速蔓满水底。随着温度升高,逐渐灌水达 1 米左右,池塘水体将呈现出"水底森林"的生态景象。

(五)轮叶黑藻

轮叶黑藻俗称灯笼薇、针草等。叶片较小,每年 10 月份形成果实。其特点是喜高温、生长期长、适应性好、再生能力强、河蟹喜食,适合于光照充足的池塘及大水面播种或栽培,轮叶黑藻被河蟹夹断的每一枝节能重新生根入土。

每年 4 月份水温上升至 10℃以上时便可播种,播种前须用池水或河水浸种 3～5 天,然后洗去种子的附着外皮,并加少许塘泥对水全池均匀撒播,每 667 米^2 用量为 150～250 克,播种后 15 天左右便可出芽。冬季采收轮叶黑藻冬芽投放养蟹池,至春季水温上升时亦能萌发并长成新的植株。因轮叶黑藻节节生根,又容易存活,故有条件的养殖场可先育苗再移栽,这样可使蟹池提前种上轮叶黑藻,同时更有利于加快轮叶黑藻的扩繁,迅速提高种群数量。具体方法是:2～3 月份搭建塑料大棚,当棚内池水温度达 10℃以上时播种育苗,待苗长至 15 厘米左右时便可将此植株剪切成 7～10 厘米长的枝节,然后将枝节均匀投放于池塘即可,每 667 米^2 用枝节 50 千克。

(六)伊乐藻

伊乐藻营养丰富,耐寒性强,只要水上无冰即可栽种。气温在 5℃以上即可生长,在寒冷的冬季能以营养体越冬。当苦草、轮叶黑藻尚未发芽时,该草已大量生长。从而可以早放蟹种,提早饲养。其种植方法为:在 3～4 月份,池塘水位控制在 40 厘米左右,采用分段无性扦插的方法,每 667 米^2 用草量为 5～10 千克,行间距1～1.5米,全池栽插。

水草种植前每667米²需施用2～3千克复合肥作为基肥,加速水草的生长。

种植轮叶黑藻、苦草等沉水植物的蟹场,因其发芽较迟,故需在池四周离池边1米处设置宽度为2米左右的水花生带。作为辅助措施,用来吸收水体肥力,调节水质,提供河蟹栖息、避敌、蜕壳场所。

蟹池栽植水草前应先将蟹种圈养在蟹池一角,待水草长至15厘米以上时再放开,放开后要多喂河蟹喜食的饲料,尽量减少蟹对水草的损害。蟹池的水草覆盖面积不宜超过蟹池总面积的2/3,因为密度过大,河蟹无法穿行于其间,影响河蟹的正常活动和生长。所以,蟹池中水草过多时要及时捞除,不足时可从其他水域中捞取补充。

六、及时放养螺蛳

螺蛳不但是河蟹喜食的动物性饲料,还能摄取池塘水体中底泥、残渣、剩饵所产生的有机营养物质,减少养殖自身造成的污染,在满足了自己不断生长繁殖的同时,改善了池塘底质,净化了池塘水质,具有一举多得的作用。

放养方法是:在4月底前,最好选择清明节前后,每667米²水面放养螺蛳200～300千克,全池均匀抛放。同时,设置蟹种暂养区,即在蟹种放养初期,在池塘深水区用网围拦一块面积约占池塘总面积1/5～1/3的暂养区,将蟹种先放在暂养区强化培育到4月底至5月初,待池塘中的水草生长和螺蛳繁殖到一定数量后,再将蟹种放入池塘中。

七、投喂和水质管理

管理的优劣,关系到成蟹养殖的成败,因此要特别在"管"字上狠下功夫,认真做到合理精心投喂和适时调节水质2个主要环节。

(一)投喂管理

饲料是养蟹的物质基础。河蟹的生长发育,除利用池塘中人工培植的水草和底栖生物外,主要还靠人工投喂。

1. 饲料种类 动物性饲料包括海淡水小杂鱼、小虾、蚌肉、螺蚬肉、蚕蛹、鱼粉、昆虫幼体、水蚯蚓等。植物性饲料包括各种藻类、嫩草、山芋、麦类、饼类、豆渣、麦麸、米糠等。另外,人工配合饲料也是河蟹良好的饲料。为了防止河蟹性早熟,应适当减少动物性饲料的投喂量,增加植物性饲料的投喂量。养殖户自配饲料时,应在其中添加适量的河蟹复合添加剂和蜕壳素。饲料配方要科学。河蟹养殖过程中在饲料的选择上,通常按照两头精、中间粗的原则来进行。

2. 投喂方法 饲料要定点投放在接近浅水处或池四周的浅水区,最好设置分布均匀的若干食台,这样既便于河蟹摄食,又便于检查和清除残饵。投喂时间一般定在每天傍晚,以适应河蟹夜间摄食的习性。也可每天投喂2次,上午6~8时投日投喂量的1/3,傍晚6时投其余的2/3。全年投喂量的安排一般为7~10月份投喂总量的60%~80%,10月份以后投喂少量,其余的在上半年投喂。投喂后几小时内,不要在池塘四周走动或进行其他作业,以免影响河蟹的摄食。

(1)养殖前期 从蟹种放养到5月底为养殖前期,一般河蟹需经4次左右的蜕壳。本期以投喂动物性饲料为主,但不能全投小杂鱼。因为前期动物性饲料投喂太多,会导致后期养殖过程中大规格河蟹的死亡。通常可采用人工配合饲料或自制饲料投喂。

配合饲料原料有豆粕、麸皮、小麦粉、钙源(如磷酸二氢钙)、杂鱼、蜕壳素、河蟹复合营养促进剂等。其推荐饲料配方为：豆粕56%，麸皮 10%，面粉 15%，新鲜杂鱼 15%，另加磷酸二氢钙1.5%，虾蟹蜕壳促长素 1.5%，河蟹复合营养促进剂 1%。

制作饲料时，先将豆粕与杂鱼煮熟，充分混合，让豆粕沾有鱼腥味，然后再加入麸皮、小麦粉、钙源、蜕壳素、河蟹复合营养促进剂等。加入的成分须与豆粕杂鱼混合均匀，制成团状进行投喂。每隔 1 周可在自制饲料中混合 30%～40%的配合饲料，连喂 2天。

(2)养殖中期 为河蟹生长的黄金时间，也是最易发生问题的时期。一般 6 月份至 9 月初为高温季节，采取以投喂水草、南瓜为主，适当搭配小麦、玉米、黄豆等植物性精饲料的方法，注意投喂时黄豆要煮熟，玉米要浸泡 12 小时以上。

(3)养殖后期 从 9 月份到上市，为河蟹最后一次蜕壳和增重育肥的阶段，应以投喂动物性饲料(如新鲜杂鱼、螺蛳、蚌肉等)和河蟹配合饲料为主，适当搭配一些南瓜、山芋、水草等青绿饲料。

3. 投喂量 河蟹摄食量大小与季节变化和水温有关。在 3～4 月份水温只在 10℃～15℃时，河蟹摄食量小，可选择晴暖天气的傍晚投喂些糊状饼类、豆渣、米糠或其他配合饲料，量可少些，以免浪费。5～6 月份水温逐渐升高，河蟹活动频繁，摄食量增大，应相应增加投喂量，各种水生植物如浮萍、嫩菜叶、水浮莲等可适量投喂一些。7～10 月份是河蟹生长的旺盛时期，可增加动物性饲料，投喂时要加工切碎，便于河蟹摄食。11 月份以后水温逐渐下降，河蟹摄食量也相应减少，此时可酌减投喂量。日投喂量为池塘河蟹体重的 5%～10%，水温低时取下限，水温高时取上限。每天的投喂量应根据当天天气、水温及前一天的摄食情况酌情增减。

(二)水质管理

整个养殖期间,始终保持池塘水质清新透明,水草茂盛,溶氧量丰富。河蟹生长最适温度为 26℃～30℃;适宜 pH 值为 7～9,最适为 7.5～8.5;水体透明度控制在 35～50 厘米,前期偏肥,后期偏瘦;池水溶氧量需保持在 5 毫克/升以上,溶氧量过低,会引起河蟹不摄食、不蜕壳。水草的覆盖率达到池塘面积的 30% 以上,以降低水温,保持河蟹良好的生长环境。生产中可采用以下措施调节水质,保持蟹池水质清新。

第一,坚持每天清除食台上的残饵,以防污染水质。

第二,每隔 10～15 天,每 667 米² 水面、每米水深用 5～10 千克生石灰化水后均匀泼洒,使池水呈微碱性,增加水中钙离子含量,促进河蟹蜕壳生长。注意在高温季节减量或停用。

第三,每月每 667 米² 池塘泼洒 1 千克硬壳宝,不但可调节水质,河蟹还可以直接通过鳃表皮及胃肠内壁吸收,可相应加快河蟹的蜕壳速度。适时加换新水。一般在春、秋季每隔 7～10 天排注水 1 次,换水量为池水总量的 1/3;夏季高温季节通常 2～3 天甚至每天换水 1 次。如条件许可时,养蟹池能常年保持微流水,则对河蟹的生长发育会更为有利。

第四,水温在 20℃ 以上时使用复合生物制剂(如硝化细菌、枯草芽孢杆菌、EM 菌、光合细菌等),可改善池塘水质,分解水中的有机物,降低氨氮、硫化氢等有毒物质含量,保持良好水质。特别是在换水不便或高温季节施用生物制剂效果更加明显,同时还可较为有效地预防河蟹病害的发生。

第五,蟹池水位在养殖初期(3～5 月份)为 0.5～0.8 米,6 月份后逐步加深水位,每 5～7 天添加新水 1 次。到高温季节,池塘水深保持在 1.2～1.5 米,并每天灌注外河水 20 厘米深左右。秋、冬季要深水越冬,因此水位可在 0.6～2 米的范围内变动。

八、科学增氧

(一)增氧机增氧

增氧机是通过加大水体与空气的接触面积,将空气中的氧渗入水中,能够增加池塘溶氧、改善水质、提高池塘养蟹产量的养殖配套机械。

渔业生产中常用的增氧机有叶轮式、喷水式和水车式 3 种。其特性和工作原理各不相同,增氧效果差别较大,适用范围也不尽相同,生产者可根据不同养殖模式对溶氧量的需求,选择合适的增氧机以获得良好的经济性能。

1. 增氧机的种类

(1)叶轮式增氧机 由电动机、减速箱、叶轮、浮体、支架、罩壳6 个主要部件组成。

叶轮式增氧机的作用是增氧、搅水和帮助排出有毒气体,这 3个作用同时完成。工作时,叶轮式增氧机以电动机通过齿轮箱减速后,带动一个大叶轮旋转搅动水体,产生水花,并靠旋转产生的离心力,使上层水体向周边扩散,下层水体补缺形成水体上下循环。含氧量较高的表层水进入底层后,可有效改善底层水体的溶氧状况,使底泥中的有机物迅速矿化分解。搅拌时还把水中原有的硫化氢、氨、甲烷、二氧化硫等有害气体从水中解吸出来排入空气中,从而达到改善水质的效果,对河蟹增产增收十分有利。

叶轮式增氧机有效面积大,增氧能力、动力效率均优于其他机型,且价格便宜,是目前国内各种增氧机中增氧效果最佳的一种,其增氧效率为 1.2~2 千克/千瓦·时。但叶轮式增氧机在工作时易将鱼塘的底泥抽吸上来,长期使用,在机体下方会形成一个涡空,而且叶轮旋转的速度较高,如果是钢制叶轮,对水生动物会有一定的损伤。因此,这种增氧机不适合浅水池塘和珍贵水产品的养殖,通常用于水深1~2米及以上的大面积池塘,多用于青鱼、草鱼、鳊鱼、鲢鱼等四大家鱼的养殖。

(2)喷水式增氧机　喷水式增氧机主要由主机、浮体、接管、喇叭口和滤网5部分组成。它是通过把大量的水体从下层吸起,喷向空中,然后落回水面带入氧气,从而起到增氧的作用,其增氧效率为1千克/千瓦·时。这种增氧机轻便、结构简单、零件少、便于安装,加工装配工时少,是欧美国家使用较广泛的增氧机。喷水式增氧机出水如喷泉,有美化环境的作用,但动力效率低。目前在我国主要用于小面积的水产品养殖。

(3)水车式增氧机　水车式增氧机是由电动机、减速箱、叶轮、浮船、支架、罩壳6个主要部件组成。它是靠搅动水体表层的水使之与空气增加接触,使静止水域变成流动状态,既增加了水中的溶解氧,又能使上下水层溶解氧分布均匀,改变池底缺氧的状况。它对于增加水中溶氧量、解救鱼类浮头具有很好的效果。

水车式增氧机动力效果好,推流混合效果较强,其旋转的速度较低,不会对河蟹造成损伤。但它噪声大,易形成水雾,且增氧的有效水深不超过1米。水车式增氧机的最大特点是在增氧、曝气的同时还可造成池水的定向流动,适用于窄长形浅水池塘和河蟹人工繁殖池等。水车式增氧机与叶轮式增氧机配合使用,增氧效率更高。水车式增氧机的增氧效率可达1.4千克/千瓦·时。

总之,增氧过程中使用的增氧机要与池塘的水深和面积相配套,其中主要考虑水深。如3千瓦叶轮式增氧机,适用于1.4~2米水深,5.5千瓦叶轮式增氧机适用于2.1~2.4米水深,7.7千瓦叶轮式增氧机适用于2.5米以上水深。

一般而言,2 001~3 335 米^{2}的养蟹池塘需设增氧机。如池水较深,可用3千瓦叶轮式增氧机;如水位较浅,可选用2台1.5千瓦的喷水式增氧机。

2. 增氧机的正确安装 一般以池塘水深、面积和池形来确定增氧机类型和负荷。如长方形池以水车式为好,正方形或圆形池以叶轮式为好;叶轮式增氧机每千瓦动力基本能满足 2534 米^2 水面的增氧需要,3001 米^2 以上的池塘应考虑装配 2 台以上的增氧机。

增氧机应安装于池塘中央或偏上风的位置,距离池堤 5 米以上,并用插杆或抛锚固定。安装叶轮式增氧机时应保证增氧机在工作时产生的水流不会将池底淤泥搅起。另外,安装时要严格遵守安全用电守则,做好安全使用保护措施,并经常检查维修。

3. 增氧机的正确使用 增氧机是池塘养殖中必不可少的机械。有的养殖户采用不浮头不开机的方法,使增氧机成为名副其实的"救鱼机",处于消极被动的地位,没有发挥增氧机应有的作用。合理使用增氧机具体表现为"六开"、"两不开"。

(1)晴天中午开 此时水深 1 米以上的表层水温度较高,光照充分,光合作用最强烈,溶氧量达到过饱和,开机后能够打破水层的分层状态,消除底层水造成的缺氧浮头威胁。积极利用上层浮游植物光合作用产生的氧改良底质。

(2)阴天清晨开 阴天池塘中的溶解氧经过一夜的消耗,清晨前后达到最低,而白天光照不强,浮游植物光合作用较少,对溶解氧的补给也相对较少,容易引起浮头。即使不浮头,河蟹也处于亚健康状态,不利于其快速生长。因此,应在清晨 3～5 时开机,若水肥、河蟹密度大,开机时间还要提前。

(3)连绵阴雨天半夜开 连续阴雨天气时,白天溶解氧补给不足,河蟹耗氧高,容易缺氧,大概在午夜前后溶解氧即将耗尽,要及时打开增氧机。野杂鱼、小虾的氧阈比河蟹低,可看其是否浮头作为开机时机的参考。

(4)生产季节天天开 在河蟹主要生产季节,应抓住良好的气候条件,打开增氧机为其生长创造良好条件,争取增产、增收。

(5)**缺氧时早开** 精养池塘因过量施肥、投喂,易使水质腐败,引起河蟹缺氧。一旦发现河蟹缺氧,应立即开动增氧机,充分发挥增氧机的增氧功能。增氧机开动后,其附近水体溶氧量在短时间内上升,河蟹会自动聚集在增氧机周围,以求保命,不会因严重缺氧而窒息死亡,从而达到解救缺氧、防止死亡的目的。

(6)**大温差时及时开** 在雷雨、台风等恶劣气候条件下,气温急剧下降,池塘上、下层水产生对流,有机物上升耗氧,有毒物质上升,要及时开动增氧机,以免造成生产事故。

(7)**晴天傍晚不开** 傍晚浮游植物光合作用减弱直至停止,开机会加速溶解氧消耗的进程,使河蟹缺氧的时间提前,在本来不会缺氧时发生缺氧现象。

(8)**连绵阴雨天中午不开** 连绵阴雨天浮游植物光合作用比较弱,表层池水溶氧量不会过饱和,此时开机搅水不能把表层池水过饱和的溶解氧混合到底层,达不到增氧目的。

此外,一般天气时傍晚池水溶解氧并不缺乏,因此傍晚不要开机,若开机会促使池塘上下水层水体提前对流混合,加快耗氧速度。但若水质变坏必须开机,且不要停机,同时准备增氧剂配合使用。

总之,正确合理地使用增氧机,可以加速池塘物质循环和能量流动,改善、净化水质,增加河蟹放养密度,增加投喂、施肥量。在相似条件下,使用增氧机的池塘比不使用增氧机的池塘可增产14%左右。

(二)微孔管水下增氧

1. 微孔管水下增氧的原理 微孔管增氧技术就是微孔管管道水下曝气增氧技术。水下曝气增氧是直接把空气中的氧输送到水层底部,改变传统的增氧方式,变一点增氧为全面增氧、上层增氧为底层增氧、动态增氧为静态增氧,能大幅度提高水体溶解氧含量。

2. 微孔管水下增氧的优点 与其他几种常见的增氧机比较，微孔管水下增氧的主要优点如下。

第一，与水车式、叶轮式增氧机相比，微孔管增氧技术具有增氧范围广、溶解氧分布均匀、噪声小等优点。

第二，微孔管水下曝气增氧能使缺氧的水体下层得到较多的氧气补充，能使充入水体的空气均匀扩散到各个水层，使底层在缺氧条件下产生的有毒气体加速向空气中扩散。

第三，与气石等小、中、大曝气器或曝气管相比，微孔管产生的气泡要小得多。气泡越小，气液接触面越大，在水中滞留的时间越长，增氧的效果越好。

3. 微孔管的安装与使用 微孔管水下增氧设施由增氧动力、主管、支管、曝气头组成(图 8-1)。

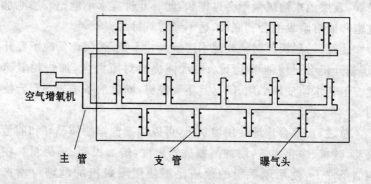

图 8-1 微孔管水下增氧设施示意

(1)增氧动力 选择罗茨鼓风机，因为它具有寿命长、送风压力高、送风稳定性和运行可靠性强的特点。罗茨鼓风机国产规格有 7.5 千瓦、5.5 千瓦、3 千瓦、2.2 千瓦 4 种，日本生产的规格一般有 7.5 千瓦、5.5 千瓦、3.7 千瓦、2.2 千瓦 4 种。

罗茨鼓风机一般固定在池埂上,主要是提供大于 1 个大气压的空气,功率配置一般为 0.1~0.2 千瓦/667 米²。

(2)主管　有 2 种选择,一种是镀锌管,另一种是 PVC 管。由于罗茨鼓风机输出的是高压气流,所以温度很高。多数养殖户采用镀锌管与 PVC 管交替使用,这样既保证了安全,又降低了成本。

(3)支管　主要有 3 种,分别是 PVC 管、铝塑管和微气孔管(又称纳米管),其中以 PVC 管和微气孔管为主。从实际应用情况看,PVC 管的使用接受度要明显高于微气孔管。主要原因有以下几点:一是使用效果基本一致,PVC 管经打孔后与微气孔管的增氧效果没有显著差异。二是材料组织容易。PVC 管在各种管材店都有经销,质量从饮用水进水级到电工用管均可。三是更加节能。使用 PVC 管,每 667 米² 功率配置 0.15~0.2 千瓦已能满足需要,但微气孔管如果按 0.2 千瓦/667 米² 以下配置,就会出现主机负荷过重跳闸的情况。四是成本低。与微气孔管配置要求相比,每 667 米² 成本可减少 300~400 元(管材成本减少 280 元/667 米²,主机成本分摊后减少 80 元/667 米²)。

安装方法:主管设置于水面 30 厘米以上,支管设置于池塘底部且每隔 8~10 米设置 1 根,确保开启气泵后池塘水体溶氧充沛,并在水平方向和垂直方向均匀分布,以促进河蟹健康生长。

4. 安装布置微孔管水下增氧系统时需注意的事项

(1)规格应用　水体状况和深浅对微孔管管径大小的要求是不一样的。如水深 1.5~3 米的露天养殖水体,用外径 14 毫米、内径 10 毫米的微孔管,每根管长度不超过 50 米;水深 1.5 米以下的大水面,用外径 17 毫米、内径 12 毫米的微孔管,管长不超过 60 米。主管、支管和连接管的内径大小依所增氧的面积而定,如露天养殖水体,双塘主管内径一般为 4~5 厘米,多塘为 5~6 厘米。

(2)每 667 米² 水面使用微孔管的长度　选择适当长度需考虑许多问题,如养殖对象对水体溶氧量的要求,水体溶解氧收支状况,在一定条件下单位长度的微孔管在单位时间内的曝气量和氧的溶解量等。根据概算,1.5米以上水深、每 667 米^2 精养塘需 40~70米长的微孔管(内径 10 毫米、外径 14 毫米)。在水体溶氧量低于 4 毫克/升时,开机曝气 2 小时能提高到 5 毫克/升以上。

(3)微孔管长条式布置平均间距的确定 举例来说,若池塘面积为 2 668 米^2,长 100 米,宽 26.7 米,现有微孔管 280 米,横向布管,管长 20 米,则管距为 100÷(280÷20)=7.14 米。

(4)布管水平调节 有 2 种调节方法:一种是在清塘后布管,按塘底余水水平线布管;另一种是在塘水多时布管,采用水平法调平。如池水深 1 米,曝气管要布在离池底 10 厘米处,也可以说要布在水平线下 90 厘米处。这样可用 2 根长 1.2 米以上的竹竿,把微孔管分别固定在竹竿的由下向上的 30 厘米处,而后再向上在 90 厘米处做一个记号,然后两人各持一根竹竿,各向池塘两边把微孔管拉紧后将竹竿插入塘底,直至记号处为止。如果塘底深浅不在一个水平线上,则以浅的一边为准布管。

(5)铺设是否规范 生产中常见充气管排列随意,间隔大小不一,有 8 米甚至 8 米以上的,也有 4 米左右的;增氧管底部固定随意,生产中出现管子脱离固定桩,浮在水面,降低使用效率;主管安装在池塘中间,一旦管子出现问题,更换困难;主管道裸露在阳光下,经长期日光曝晒老化严重等。通过对检测的数据分析,管线处溶解氧与两管中间部位的溶解氧含量没有显著差异,故微孔管的合理的间距为 5~6 米。

(6)风机的选择与安装 一般选罗茨鼓风机或空压机。风机功率大小依水面面积而定。如 1~1.3 公顷(2~3 个塘)可用 1 台 3 千瓦功率的,2~2.6 公顷(5~6 个塘)可选择 1 台 5.5 千瓦功率的。风机应安装在主管中间,为便于连接主管道、降低风机产生的热量和风压,可在风机出气口处安装 1 只有 2~3 个接头的旧油桶(不能漏气)。

（7）**主机发热**　此问题主要存在于 PVC 管增氧的系统上。由于水压及 PVC 管内注满了水，两者压力叠加，主机负荷加重，引起主机及输出头部发热，后果是主机烧坏或者主机引出的塑料管发热软化。解决办法：一是提高功率配置；二是主机引出部分采用镀锌管连接，长 5～6 米，以减少热量的传导。

（8）**功率配置不科学**　许多养殖户没有将微气孔管与 PVC 管的功率配置进行区分，笼统地将配置设定在 0.25 千瓦/667 米^2，结果不得不中途将气体放掉一部分，浪费严重。一般微孔管的功率配置为 0.25～0.3 千瓦/667 米^2，PVC 管的功率配置为 0.15～0.2 千瓦/667 米^2。

5. 微孔管水下增氧设施的维护

第一，微孔管不能露出水面，不能靠近底泥。否则，应及时调整。

第二，如发现微孔管曝气不正常应及时检修。

第三，池塘使用微孔管水下增氧一般 3 个月不会堵塞。如因藻类附着过多而堵塞，应捞起后晾晒 1 天，轻轻抖落附着物；或用 20% 洗衣粉液浸泡 1 小时后清洗干净，晾干再用。

6. 安装成本参考　关于微孔管水下增氧系统的安装成本，大概可分为 4 个档次：一是高配置，即新罗茨鼓风机与微孔管搭配，安装成本在 1300～1500 元/667 米^2；二是旧罗茨鼓风机与国产微孔管（包括塑料管）搭配，安装成本在 800～1000 元/667 米^2；三是旧罗茨鼓风机与饮用水级 PVC 管搭配，安装成本为 500～600 元/667 米^2；四是旧罗茨鼓风机与电工用 PVC 管搭配，安装成本在 300～500 元/667 米^2。

九、日常管理

蟹池必须有专人值班管理，主要是巡塘检查，观察河蟹活动、摄食情况,有无残剩饵料,有无病蟹、敌害,检查防逃设施是否完好,观察池塘水质肥瘦及浑浊度,并针对以上情况及时采取措施,做好详细记录。具体应认真做好以下几点。

(一)勤 巡 查

必须注意 3 个重点阶段:一是蟹种放养阶段,二是夏季天气多变阶段,三是秋季收获前夕。以上 3 个阶段都是河蟹逃逸最严重的时候,故应及时堵塞漏洞,修补防逃设施。另外,要了解河蟹活动、摄食和水质变化情况,做好记录。如发现河蟹蜕壳,应适当降低水位,以利于河蟹蜕壳。

(二)勤 换 水

夏季是河蟹生长旺季,气温高、变化大,水质容易蒸发变坏。为保证河蟹的活动空间和水体溶氧量,防止水温急骤升高,应适时加注新水,保持水位和水量。

(三)勤 除 害

设法捕杀水、旱老鼠,及时清除池中的青蛙、水蛇、蟾蜍,驱赶水鸟,减少因敌害造成的损失。

(四)降 温

盛夏高温季节时,蟹池应适当采用降温措施,可在南边池埂上种植几排高粱、玉米等高秆植物,或搭架种植南瓜、丝瓜等。还可在池边水中架设遮荫设施,为河蟹创造良好的生活环境。

第九章 河蟹的网围养殖

网围养殖河蟹是在湖泊人工增殖放流河蟹和网围养鱼的基础上，将两者相结合发展起来的一种河蟹养殖新模式，它较好地把湖泊大水体优越的生态环境、丰富的饵料资源与小水体集约化养殖进行了有机结合。网围养殖河蟹由于湖泊中水草、螺、蚬丰富，溶氧量较高，水质优良，所以养殖出的个体要比池塘养殖的个体大、质量佳、口味鲜，在市场竞争中占有一定的优势。

一、网围选址

网围地址一般应具备以下条件：①水域开阔，水质优良，无污染，周边无工业污染源及农业污染源，水流缓慢、通畅。②水深适宜，常年水深保持在 1～2 米，最好保持在 1.5 米以内。水位变动落差小，如果水位落差大，应考虑采用能够随水位升降的网围构造。③湖底平坦，底质软硬适中，以软泥为主。淤泥层最好在 15 厘米左右，有机物含量要少。④水草茂密，以沉水植物为主，覆盖率达到 50％以上；天然饵料资源丰富，敌害生物少。⑤不影响周围农田灌溉、蓄水、行洪、船只航行，环境安静，交通便利。网围面积在湖泊等养殖规划面积、地点之内，不能破坏湖泊等水体整体水域生态环境。⑥避开行洪道，防止激流冲击；避开主航道、河口。⑦便于轮养和生态修复。

二、网围设置

网围面积以 2～6.7 公顷为宜。形状因地制宜，以正方形、圆形为佳,可以节省材料,提高抗风浪能力,便于管理。

网围设施由拦网、石龙、支撑桩、防逃网等部分组成。拦网网目为2.2厘米,下纲连接直径15厘米以上的石龙,石龙内装鹅卵石等小石子,每米装6～7.5千克,埋入泥中。同时,在下纲内侧连接一片宽1～1.5米的敷网,也埋入泥中,上面压泥土,以防止河蟹从底泥中钻洞逃逸。在淤泥层较厚的水域,下纲也可以用地锚固定。地锚是用旧网团成的小球,一般直径3厘米左右、长度为5～10厘米,用长15～30厘米的聚乙烯绳系在下纲上,将地锚和网一起埋入泥中,深度为20～30厘米。

建设拦网的位置在施工时应该清除断桩、杂草等障碍物,以便于将石龙埋入泥中。底质较硬的地方,可以用工具开出沟槽,将石龙放入,然后夯实。

防逃网连接在拦网的上纲上,与拦网向下成45°左右的夹角,并用纲绳向内拉紧撑起,以防止河蟹攀网翻越外逃。

网围一般是2层网、3层桩结构,最外层桩作为防护桩,防止船只、杂物对网的破坏。内外层网均采用3×3聚乙烯8号网片,其上纲扎连在毛竹、树桩等支撑桩上,露出水面1米左右。内、外两层网相隔3～10米。拦网高度一般应超过本区域历史最高水位1米。在风浪大的区域,网围支撑桩应该用粗的聚乙烯绳以"八"字形斜拉加固。

防逃设施除了设置防逃倒檐外,还应该在上纲处缝一圈硬质薄膜,薄膜宽30～40厘米。

网围施工时转角应设计成圆弧形。

另预备好备用网,汛期时加上,汛期过后取下,同时应该配备管理船只和生产船只。

为了检查河蟹是否逃逸,在拦网外侧设置一圈地笼网,河蟹一旦外逃,进入地笼能够及时发现。

三、清除野杂鱼

在网围设置安装后,网围区内往往仍藏有凶猛鱼类或小型杂鱼,如乌鳢、鳜鱼等,它们不仅与河蟹争食,骚扰河蟹的正常栖息与生长,而且会残食仔蟹和蜕壳蟹。因此,在放蟹种前应完成对野杂鱼类的清除工作,可采用簖网、刺网、电捕等渔具进行彻底清野,为河蟹提供一个无敌害的生长环境。

四、养殖模式

(一)太湖模式

太湖模式是精养模式,以东太湖、阳澄湖为代表。现在整个太湖网围面积限制在 3 000 公顷,每户渔民只有 1 公顷水面供养殖。要获得好的收益只能通过加大放养密度、提高规格、提升品质等方法。一般每 667 米² 放养蟹种 500～600 只,规格为 60～120 只/千克。网围区内种植水草,以苦草、轮叶黑藻、马来眼子菜、聚合草、伊乐藻等为主。网围内投放鲜活螺蛳,每 667 米² 放 200～400 千克,于清明节前投放完毕,随后在河蟹生长期间视网围内螺蛳密度酌情补充。生长旺盛时节,足量投喂动物性饲料。该模式设计产量每 667 米² 收获 40～60 千克,规格平均在 150 克/只以上。

(二)高邮湖模式

高邮湖模式是粗放型养殖模式。高邮湖是典型的过水性湖泊,水位变化大,水情复杂,有洪水、枯水、风暴、冰凌等自然灾害,网围养殖有较大的风险。高邮湖探索的网围养殖模式对洪泽湖、骆马湖等过水性湖泊的养殖生产具有借鉴作用。该模式每 667

米² 投放蟹种 80～120 只,规格为 100～160 只/千克,设计产量每667 米² 收获 5～10 千克,河蟹平均规格在 100～180 克/只。同时,混养鲢鱼、鳙鱼(以鲢鱼为主)和鳜鱼等鱼类。鳙鱼每 667 米² 投放 10～15 尾,规格为 4～6 尾/千克;鳜鱼投放 5～10 尾,放养规格为 5 厘米以上的夏花。也有采用从鲢鱼夏花开始培育成 1 龄鱼种,翌年再养至成鱼的一条龙式养殖模式。在养殖期间一般不投喂,主要利用湖泊中的天然饵料资源,到后期暂养时投喂动物性饲料、玉米等予以育肥。放养鲢鱼、鳙鱼,在净化湖泊水质的同时,充分利用了水体资源和水域内浮游生物资源,把水中的氮、磷带出湖区,减缓水体富营养化进程。鳜鱼则可利用网围内的低值小杂鱼,既提高了附加值,又有效解决了小鱼争氧、争食的问题。

(三)滆湖模式

以滆湖、长荡湖为代表。每 667 米² 放养 600～800 只,规格为 160～240 只/千克。网围区内种植水草,水草种植面积在 60%以上,水草种类有苦草、轮叶黑藻、伊乐藻等。活螺蛳的使用量没有一定的规律,有的在清明节前每 667 米² 网围投放 200～400 千克。大部分养殖户则根据网围实际情况及活螺蛳的供应量,采取分次投放的方法。设计产量为每 667 米² 收获 40～50 千克,成蟹平均规格在 125～150 克/只。外源性饲料占饲料总消耗量的50%～80%,主要包括小杂鱼、小麦、玉米、颗粒饲料等。有些养殖户采用在网围内用密眼小网围或网箱套养蟹种的技术,取得了一定的成效。

(四)宝应湖、大纵湖模式

以宝应湖、大纵湖为代表。每 667 米² 放养 800～1 000 只,规格为 160～400 只/千克,设计产量为每 667 米² 收获 40～50 千克,成蟹平均规格在 125～150 克/只。河蟹饲料种类主要有小杂鱼、小麦、玉米、水草、螺蛳、颗粒饲料等。该地区由于多年的养殖,网围区内天然饵料生物资源比较缺乏,尤其是优质水草、螺、蚬等更少。宝应湖现在推广的草蟹轮作养殖模式较好地解决了这个问题。该模式是将现有网围一分为二,可以分割成左、右两块,也可以分割成中心和外围两块。一块全年养蟹,另一块全年休养以培育水草和底栖生物,翌年则进行轮换。

五、蟹种放养

(一)放养时间

蟹种放养时间安排在气温较低的冬、春季节,一般在 12 月份至翌年 4～5 月份,通常在 3 月底前放养结束。低温天气有利于蟹种运输,在河蟹尚未蜕壳时可以提高运输成活率,也有利于蟹种尽早适应新环境,蜕壳生长。

(二)放养规格

放养规格应该整齐,大小差异不宜过大。各地方放养的规格不一样。一般南方湖泊的养殖户喜爱大规格的蟹种(50～100 只/千克);北方实力不太雄厚的养殖户放养的规格偏小,大多在120～200 只/千克。也有放养当年仔蟹的,规格在 500～1 000 只/千克。

(三)放养数量

在水情稳定、资源丰富的湖泊,放养数量较多,一般在 500～800 只/667 米^2;在水情变化复杂、资源较贫乏的湖泊放养数量较少,一般在 300～400 只/667 米^2。高邮湖地区只有 80～120 只/667 米^2。放养的数量不是越多越好,应该根据多方面因素进行综合考虑,实现可持续发展,获得最大比较效益。

(四)其他注意事项

蟹种应经过检疫,体质健壮,无病无伤,活动迅速,反应灵敏。在挑选蟹种时,将蟹种倒入大塑料盆中央,能够迅速攀爬到盆边的一般质量较好。性成熟度要低,不能放养性早熟蟹。

运输途中注意保湿、保温,避免风吹、日晒、雨淋,避免堆压、拥挤。到达目的地后,先将蟹种在水中浸泡清洗几次,以适应环境,再倒在船头或者木板上让其自行爬走落入水中。同时,注意检查运输损耗。

六、水草栽种

水草是网围养殖河蟹的关键一环,故有"蟹大小,看水草"之说。网围内水草覆盖率应该在50%~80%,网围内要求水草分布均匀、种类搭配合理,沉水性、浮水性、挺水性水草应合理栽植。

(一)轮叶黑藻的栽种

用冬芽或切茎分段扦插。冬芽在3月下旬至4月初播种。扦插在5月中下旬,选择高度在20厘米以上的植株进行移栽。将植株切成长15厘米左右的段,用黏土包裹茎枝下端,贴水面沉入湖底。栽种时应选择风平浪静、风和日丽的天气。

(二)苦草的栽种

将果荚浸泡10~15小时,把泡软的果实揉碎,搓出草籽,用泥土将草籽拌匀撒播,可以全撒也可以条状播撒。

(三)菹草的栽种

7~9月份在菹草生长的水域,待菹草植株衰败、殖芽成熟沉入湖底后,用虾拖网捞取殖芽,清洗后装入袋中,系上石块沉入湖中,进行保种贮存。至11月上中旬,河蟹捕捞结束后将殖芽撒播。没有养殖的水域,在10月下旬即可进行播种。

(四)菱角的栽种

1～3月份在菱角生长比较密集的水域用绳索拖拉,收集菱种。也可以在秋季菱角果实成熟的时候组织人员手工摘收。将菱种撒播,最好是条播,间距20米左右。一般每667米^{2}水面用种菱20～25千克。也可以移栽。当菱苗主茎达2.3～3米、已生有小菱盘(约10多片叶)时栽植。从菱田拔取苗后,堆于船上,两人操作。一人将8～10株菱苗盘成一圈,用小绳扎好,按穴距1米左右放入湖中;另一人用长柄菱叉叉住根部小圈插入湖底土中。菱苗用绳固定易于成长,菱苗结绳的长度以苗充分生长后能浮出水面为度。

(五)伊乐藻的栽种

经过池塘扩种培育,3月中旬将伊乐藻植株连根拔起,移栽于湖泊网围区。移栽时选择风和日丽、风平浪静的天气,当天拔取的植株当天移栽完毕为好,以提高成活率。移栽时,将伊乐藻植株切成10～20厘米的节段,用一端呈凹形的特制竹叉口扦插进泥中,扦插深度为3～5厘米。对于一些水深、淤泥较厚的网围区,则可用湖泥包裹植株,逐点抛入水中。当伊乐藻长至水面时,应及时收割,收割时应保留一定高度的茬株,这样既有利于伊乐藻的再生长,又可以在适宜的生长期内收获更多的草料。尤其在盛夏高温时要及时刈割,防止伊乐藻烂头枯萎漂浮。

总之,网围栽植水草,应根据各种水草的生长特性、季节安排先后顺序,以期取得较好的效果。首先在秋、冬季节种植菹草,让其生长形成一定优势,降低风浪,提高湖泊水体透明度,有利于其他水草在翌年春天种植生长。再根据不同季节栽植相应的水草。

网围内水草覆盖率较少时应增放、补充。如果网围内水草过于茂盛,覆盖了整个网围区,则很容易导致水层底部缺氧,引起河蟹死亡。水草大量集中死亡、腐败时引起水体发臭,也会致使河蟹死亡。所以,当网围内水草过多时,应该及时割除,每隔20米留出3~5米的无草通道,以利于水流交换,增加溶氧量。

七、养殖管理

(一)分级饲养

先在网围内水草覆盖较好的区域建设一个小网围,面积约为大网围的1/10。小网围仅用一层网、桩,网目要小于大网围网目,其他工艺同大网围。将蟹种放在小网围内集中强化投喂,培育至5月中旬第一次蜕壳完毕,即将第二次蜕壳时散开至整个大网围内,此时大网围内菱角等水草也已经基本长出水面,有了一定的生物量,河蟹对水草生长的威胁也小了,不至于将网围内水草资源破坏。分级饲养有利于蟹种首次蜕壳,提高蟹种的放养成活率,还可提高饲料利用率,减少饲料浪费。

(二)饲料投喂

在湖泊网围内,水草一般比较丰富,可以满足河蟹摄食和栖息的需要。但是在水草种群比较丰富的条件下,河蟹摄食水草有明显的选择性:基本上不吃挺水植物和漂浮植物,爱吃沉水植物中的菹草、轮叶黑藻、伊乐藻、金鱼藻、小茨藻,不吃聚合草,苦草也仅吃根部。在水草比较缺乏的情况下,河蟹也吃黄丝草、聚合草嫩芽嫩叶、菱的根须等。因此,要及时补充河蟹喜食的水草,尤其在生长旺期,一定要充分供给。

河蟹偏爱动物性饲料,因此应尽可能多投喂小杂鱼、螺蚬类、河蚌肉等动物性饲料。螺蛳最好是在清明节前投放,一次放足,让其在网围内自然繁殖,以后随时补充。小杂鱼应先切碎,把鱼鳔挤破,确保能够沉入水下。

在动物性饲料缺乏时和后期育肥时应补充玉米、小麦、颗粒饲料等精饲料。

河蟹的摄食强度随水温而变化。春季摄食量较小,7~9月份摄食量大。全年投喂量分配一般是3~6月份占15%,7~9月份占75%,10月份占10%。河蟹夜间活动较多,摄食主要在黄昏后,因此夜间投喂量应比白天大。

饲料投喂是关系养蟹成败的关键之一,应做到投喂合理,保证河蟹吃饱、吃好,提高饲料利用率,节约成本,提高经济效益。在投喂饲料时,应注意"定点、定时、定质、定量"。经常检查食台,及时调整投喂量。保证饲料新鲜可口,小杂鱼、螺蚌肉等动物性饲料不应腐烂变质,精饲料不可霉变,做到"精、粗、青"合理搭配。

(三)病害防治

河蟹网围养殖时,病害发生较少,但也应加强日常管理,注意病害预防,一般可采用药物挂袋或投喂药饵的方法进行病害防治。

(四)防　逃

两层网之间的夹层内放置一圈防逃地笼,每天检查1次,发现异常情况立即检查该部位网围有无破损、移位等,及时修补。尤其是大风后更要立即进行细致检查,拔除断桩、添补新桩。

坚持每天巡查网围设施,保证防逃网完好。及时清除网边浮草、残渣等杂物,防止刮大风时压倒网围。

汛期到来时应及时随着水位的上升而提升网衣高度,防止河蟹逃逸。汛期后再将网衣落下。有条件的可利用旧桩旧网在水下搭建平台,或采取固定水草团、搭建食台等措施,解决汛期河蟹的栖息和摄食问题。

另外,在蟹种放养初期和河蟹成熟洄游期间河蟹活动频繁,应加强巡查力度。

(五)其他管理措施

预防突发事件的发生,降低养殖灾害带来的损失。突发洪水、台风等自然灾害时,要提前升高网围。另外,近年来城市生活污水与无污水处理的化工企业多利用大雨、洪水发生之时进行偷排,因此应加强水质监管和湖水监测,禁止污水直接排放。同时,在河流入湖口的网围应进行低坝高拦,留出湖中河道,使河水畅通。

八、捕捞技术

根据河蟹性腺发育程度和生殖洄游时间确定起捕时间,南北方略有差别,一般北方较早而南方稍迟,长江中下游一般在9月下旬至10月上中旬起捕。若起捕时间过早,河蟹成熟度差,软壳蟹多、死亡率高;若起捕时间过迟,尤其北方地区在10月份后,水温骤降,河蟹活动减少,会影响回捕率。

河蟹在幼体及幼蟹阶段具有逆流性,在生殖洄游时则有顺流性且有向大海方向和湖外水域方向移动的习性,利用这些特性进行捕捞可以取得较好效果。

捕捞工具一般有地笼、蟹箔(迷魂阵)、单层刺网(丝网)、蟹笼、拖网、撒网等。面积较小的网围用地笼捕捞即可。面积大的网围可以用地笼、蟹箔相结合,效果会好些。单层刺网易缠绕,难取难拿,河蟹易受伤,最好不用。

地笼放置应与拦网成垂直方向,相隔一段距离再放置1条。捕蟹地笼一般是一个袋尾,将无袋尾的一头紧靠内层拦网,转角处多放置几条。大面积的网围中间区域也要放置几排地笼。地笼袋尾需吊高,不能沉于水底,但也不能露出水面。须经常清理地笼,尤其大风大浪后,应防止地笼内堆积草渣、草种以及陷入淤泥之中,从而影响地笼捕捞效果。

河蟹倒出后,及时分拣,将未成熟蟹、软壳蟹立即放回网围内,或者先单独放在船上的活水舱,然后放入专门的暂养池。成熟河蟹须雌雄分开,便于暂养催肥和日后销售,防止假交配。

捕捞作业时间宜在早、晚,避开高温的时段,可以提高成活率。下午倒蟹对防盗也有一定的好处。河蟹刚起捕时日产量高,每日地笼、蟹簖须倒 2 次以上。后期日产量下降,可以逐渐减少次数,甚至几天倒 1 次。

倒河蟹时不能使河蟹长时间闷在水中,船上的积水要及时倒掉。蟹篓内不宜摆放过多,防止堆压。也不能使河蟹长时间脱水,捕捞后应在最短时间内放入暂养池。操作时尽量小心,防止河蟹断腿、损坏甲壳。捕捞出的河蟹根据销售计划安排,可以立即出售,也可以放入池塘、小网围、网箱或者木制、竹制、铁制的笼子集中暂养催肥,待机出售。

第十章　河蟹的稻田养殖

稻田养蟹、稻蟹共生的生产结构,是将水产养殖业引入种植区的一种新的养蟹模式,该模式使养殖业和种植业在人为条件下科学地结合起来,将名优特水产品的养殖与水稻种植有机结合,改变了稻田单一的种植结构,获得了一水两用、一地双收的良好经济效益、生态效益和社会效益,达到互利共生、高产、高效,立体开发利用的理想模式,为发展生态农业创出了一条新路,为广大农村发展创汇农业、脱贫致富提供了一条有效途径。

大量生产实践证明,稻田养蟹有如下优点:①有利于水稻生长。因为河蟹能摄食稻田中的杂草、绿萍、底栖生物、水草,并大量消灭稻叶蝉、螟虫等害虫,其排泄物可肥田。据专家测定,连续3年养河蟹的稻田,耕作层土壤有机质提高1倍左右。这就是促进水稻生长,提高水稻产量的原因。②稻田为河蟹提供了丰富的天然饵料和良好的栖息环境。稻田水浅、稻禾能遮光,这都有利于河蟹隐蔽和蜕壳。稻田中饵料生物多,有利于河蟹生长。③稻田养蟹,稻蟹共生互利,投资少,管理方便,经济效益显著。据试验,投放蟹苗在稻田养殖,饲养 16～17 个月,每 667 米^2 的最高单产可达 150～300 千克成蟹。如果投放蟹种在稻田养殖,当年每 667 米^2 成蟹产量最高可达 150～200 千克。而实践生产中的稻田养蟹,每 667 米^2 可产稻谷 400～550 千克,可产成蟹 10～30 千克。

稻田养蟹有稻田养蟹种和稻田养成蟹 2 种方式,前者是从蟹苗到蟹种的养殖过程,后者是从蟹种到成蟹(商品蟹)的养殖过程。

一、养蟹稻田的基本条件

(一)稻田选择

养蟹的稻田要靠近水源,水质清新无污染,环境安静,交通便利,排灌方便,保水性能好,土质为壤土,水源不受工业废水、化肥、农药污染,面积以 2 001 ～2 668 米² 为宜。

(二)稻田改造

首先养蟹稻田的田埂要加高、加固、夯实,田埂一般宽在 50～60 厘米,高在 50～60 厘米。其次为了给河蟹创造舒适的生存生长环境,稻田四周要开挖环沟,以离开田埂 1.5 米左右为宜,沟深 70 厘米以上,沟宽 0.6～1 米,环沟内每隔 2.5～3 米挖 1 条畦沟,沟深、沟宽与环沟基本相似。沟开成"田"字形或"井"字形均可,具体可以根据稻田的面积大小、形状而定。要求沟沟相通。三是根据稻田面积在稻田边开挖 1 个至数个蟹溜(蟹塘),呈长方形,深 1 米左右,面积为 8～10 米²。蟹溜和沟相连,作为河蟹在夏季高温、浅灌、晒田或施农药时躲避栖息的场所。种养面积比例为 7：3 左右,以实现"水大蟹漫游,水小蟹入沟"的生存生长环境(图 10-1)。

有些地方在开挖环沟后,田中每隔 2.5 米挖一条宽 0.5 米、深 0.5 米的沟,并与环沟相通。田面种稻、沟内养蟹,而不设蟹溜,其蟹沟面积占稻田面积的 20％～25％。

(三)设置防逃设施

为防止河蟹从稻田外逃,需在养蟹稻田四周构筑防逃墙。具体建造方法可参考池塘养蟹。

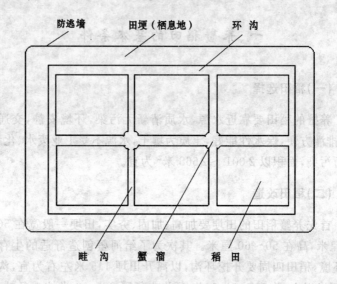

图 10-1　养蟹稻田平面结构示意

二、蟹种的稻田养殖

利用稻田培育蟹种投资少、效益高,可为成蟹养殖提供优质廉价的苗种,是发展河蟹养殖的一个好途径。

(一)放养前的准备工作

放养时间一般在 5 月中旬。放养前 20 天 ,清除环沟和田间沟中的淤泥,然后稻田加水 10 厘米深。每 667 米² 用生石灰 150 千克对水溶化后趁热泼洒,以杀灭有害生物。待药性消失后,适当向沟、溜内移植一些水花生、苦草、轮叶黑藻等植物,使其覆盖率达到 40% 左右,以供河蟹栖息、隐蔽、蜕壳、觅食。同时,水草可以净化水质,改善河蟹的生活条件,还可增加水生昆虫和螺类数量。

(二)蟹苗放养

放养密度主要取决于不同的饲料条件、稻田条件、管理水平及出塘规格等。如放大眼幼体,每 667 米^2 可放 0.4～0.7 千克(7 万～10 万只);如放仔蟹,每 667 米^2 放规格为 1 万只/千克的仔蟹 4 千克左右。蟹苗运到田边后,先将蟹苗运输箱放入环沟水中1～2分钟,再提起,如此反复 2～3 次,使蟹苗适应环沟的水温和水质。蟹苗一般先围在环沟中培育 1 个月左右。

(三)仔蟹培育

蟹苗放入后即可均匀地移植水花生等附着物,同时开始投喂饲料。大眼幼体阶段投喂鸡蛋黄,每2～3 小时投喂 1 次。进入Ⅰ期仔蟹后改投鱼糜加豆饼和麸皮,也可投喂河蟹专用开口饵料,投喂率从体重的 100％降至 5％～7％,每日投喂 4～6 次。

(四)大田放养

一般在水稻秧苗栽插活棵后进行。此时可测定环沟中仔蟹的规格和数量。如果数量正好适宜大田养殖,即可撤去环沟的围栏,让仔蟹自行爬入大田。如果数量不足或多余要进行调剂。

(五)饲料投喂

仔蟹进入大田后,除利用稻田中的天然饵料外,可适当投喂水草、小麦、玉米、豆饼和螺、蚬、蚌肉等饲料,采取定点投喂与适当遍撒相结合的方法,保证所有的蟹都能吃到饲料。饲养期间根据仔蟹生长情况,采取促控措施,防止仔蟹个体过大或过小,控制在收获时每千克 200～240 只。

(六)水质调控

养殖蟹种的稻田由于水位较浅,特别是在炎热的夏季,要保持稻田水质清新、溶氧充足。水位过浅时,要及时加水。水质过肥时,应及时更换新水。换水时进水速度不要过快、过急,可采取边排边灌的方法,以保持水位相对稳定。

(七)日常管理

要坚持早、晚各巡田 1 次,检查水质状况、蟹种摄食情况、水草附着物和天然饵料的数量以及防逃设施的完好程度。大风大雨天气要随时检查,严防蟹种逃逸。尤其要防范水蛇、老鼠、青蛙、鸟类等敌害侵袭。生长期间每 15～20 天泼洒 1 次生石灰水,每 667 米^2 用生石灰 5 千克。

(八)水稻的栽培与管理

选用耐肥力强、茎秆坚硬不易倒伏、病虫害少、产量高的水稻品种。秧苗先在秧畦中育成大苗后再移栽到大田中,移栽前的 2～3 天对秧苗普施 1 次高效农药。养蟹稻田栽插前每 667 米^2 施过磷酸钙或复合肥 5 千克,水稻生长期追尿素 2 次,每次每 667 米^2 施用 1 千克。除要人工拔除稗草外,养殖蟹种稻田一般不使用农药和除草剂。

(九)防止河蟹性早熟

稻田养蟹种要特别注意的问题是防止河蟹性早熟。在自然水域中,河蟹一般 2 年(1 冬龄)性成熟。但生产实践表明,在稻田中养蟹种当年就性成熟的占相当大的比例。这部分性早熟的蟹,如果翌年继续养成成蟹,其生长缓慢,死亡率高,不仅给养蟹者造成较大的经济损失,还直接妨碍成蟹养殖生产的发展。

通过大量的实践分析,稻田养蟹种易使河蟹性早熟的原因主要有以下几点:一是放苗早。稻田养蟹种通常采用的是人工繁殖的蟹苗,而人工繁殖的蟹苗比天然蟹苗在时间上要早1个月左右,这等于延长了河蟹当年的生长期。二是饲料精。一些养蟹者为使河蟹快速生长,从大眼幼体放养之日起就一直投喂蛋白质含量很高的精饲料,造成河蟹营养过剩,从而促使其性腺早熟。三是稻田的环境与河蟹在自然条件下生活的江河湖泊不同,稻田水浅、水温高,河蟹活动范围小,不具备越冬条件,河蟹为适应这样的环境以及出于繁衍后代的本能而提前性成熟。

为使稻田养蟹种获得好的效益,就必须控制河蟹性早熟。因此,稻田养蟹种应采取以下几个关键性技术措施。

一是适当晚放苗、多放苗。一般以放6月中旬以后的大眼幼体为宜。为控制河蟹生长过快,放苗量应适当增加,以每667米²稻田放大眼幼体0.4~0.5千克为宜。这样,每667米²稻田当年可培育出每千克120~140只的蟹种。

二是在培育蟹种的过程中,投喂要坚持两头精、中间粗的原则。刚放入大眼幼体时要投喂以枝角类为主的浮游动物和鱼糜,便于河蟹消化和保持水质清洁,提高河蟹幼体成活率。20天后(Ⅲ期仔蟹后)投喂要以水草、浮萍、麦麸、玉米等植物性饲料为主。如果发现河蟹生长过快,还要停止投喂或每3~4天投喂1次。到8月底以后,为增强河蟹体质,顺利越冬,也要投喂20~30天的精饲料,以野杂鱼、豆饼和人工配合饲料为主。

(十)捕　捞

秋季水稻收割后,各地根据天气和水温变化,确定捕捞时间。一般在10月底水温降至17℃时起捕为宜,最好赶在入冬前、最后一次蜕壳后起捕。过早不利于河蟹生长,过迟很多蟹种打洞隐居难以捕到。捕出蟹种另外集中用土池暂养。具体捕捞方法是:捞出环沟中的水花生,均匀堆放在沟边空地上。环沟在夜间放水,翌日早晨在水花生底下捉取蟹种,连续 2 次可捕获 90% 以上,剩余部分挖洞手捉。

(十一)稻田蟹种的越冬

稻田蟹种越冬工作做得好坏,是翌年稻田养蟹成败的关键。生产实践证明,越冬工作做得好,蟹种的成活率可普遍达到 95%以上,且个体增重明显。

1. 越冬池建设 首先选好池址。蟹种越冬池一般选在计划翌年养成蟹稻田的西北角方位。要求靠近无污染的水源,以壤土为宜,保水性强,通气性能好。

越冬池面积大小根据稻田养蟹面积及蟹种放养密度而定。一般每 667 米² 越冬池蟹种放养量掌握在 150 千克左右,越冬池保持蓄水 1~1.2 米深,池底要求平坦、淤泥量少,池形以长方形东西向为宜。

越冬池四周一定要建好防逃设施。在池周用硬质塑料薄膜或钙塑板搭建围栏,用竹梢做桩加绳线固定,再埋入泥土中 10 厘米左右,上部要高出池面 40 厘米。

越冬池的排灌设施应根据池面大小,配备不同型号的水泵,进、排水分开,进水可直接将水泵伸入塘中,排水口通连着稻田的降水渠而流出。进、排水口都要用较密的金属网片拦住,以免敌害生物进入越冬池。

2. 蟹种放养前的准备工作 在蟹种进入越冬池前要做好清塘消毒工作,每 667 米² 越冬池用 150 千克生石灰化水泼洒即可。为了供河蟹越冬栖息,要净化水质,在越冬池消毒后,应从大河或湖泊移植部分水草,其面积控制在全池面积的 1/3 左右。

3. 蟹种进池 稻田中培育的蟹种在进入冬季后应及时转入越冬池。如果需要购买蟹种则应在 11~12 月份进行。经长途运输的蟹种,为防止直接下池吸水过多而影响成活率,在下池前,应将购买的蟹种置于水中浸泡 2~3 分钟,然后取出搁置 10~15 分钟,如此反复 2~3 次,而后将蟹种倒入大盆中,再将盆斜放在越冬池坡边,让蟹种自行爬走。受重伤的蟹、死蟹应随时捞出,以免影响水质。

4. 越冬管理　越冬池的水位应视温度高低而定。正常温度下,水位应控制在 80 厘米左右。严寒冬季,水位要达到 1~1.2 米。如果越冬池的水色过浓,应及时换水,换水量一般为池水量的1/5 左右。正常情况下,每月换水 2 次。换水时一定要将水位保持在原来的位置。

为防止越冬池冬季结冰,影响水下光照,可在越冬池北面用草帘搭建围墙,其高度要求达到 1.5 米左右。或筑土墙亦可,只要达到防风目的,其他材料也行。在晴暖天气,河蟹仍能活动摄食,因此要适当投喂,饲料品种可以小鱼和蚌肉为主,但一定要切碎,以便河蟹摄食。

每 667 米² 水面每月用 20~25 千克生石灰化水在越冬池中泼洒,既能预防蟹病又可改善水质。冬季河蟹的主要敌害为水老鼠,必须每隔 15 天将毒鼠药投在防逃设施外侧,以防止老鼠对河蟹的侵害。

5. 蟹种出池　当春季气温回升,蟹种在越冬池内活动频繁,食欲较强时,应及时掘通越冬池的池埂,让蟹种自行爬到稻田养蟹的围沟内。

三、成蟹的稻田养殖

稻田养殖成蟹除了要做好稻田养蟹的基本设施工程外,还应重点抓好以下几项技术工作。

(一)清田消毒

当稻田整修结束后,每 667 米² 稻田用 30～35 千克生石灰对水调成乳液,全田泼洒,以杀灭敌害和病菌,补充水体钙质。如为盐碱地田块,则应改用漂白粉消毒,使稻田水中漂白粉的浓度达到 20 毫克/升。

(二)栽好水稻

养蟹稻田宜选用耐肥力强、茎秆坚硬不易倒伏、抗病力强的汕优 63、南优 6 号、六优 1 号、武育 3 号、盐粳 235 号等高产单季稻品种。最好采用免耕直播法,以减少田内浮泥数量。

通常采用两段育秧法培育秧苗,在秧畦育成大苗后再移栽大田。移栽前 2～3 天,要对秧苗普施 1 次高效农药,以防水稻病虫害的传播。移栽的秧苗要健壮。通常采用浅水移栽,宽行密株栽插,并适当增加田埂内侧及蟹沟两旁的栽插密度,发挥边际优势,提高水稻产量。秧苗移栽后的 1 周内,特别是秧苗返青前,要尽量减少河蟹进入秧田,以免影响水稻生产。

(三)适时放养大规格蟹种

移栽定植的水稻在插秧后 7～10 天,选用大小一致、体重为 20～30 克的大规格蟹种,每 667 米² 放养 800～1 500 只。

(四)水稻的管理

养蟹稻田在秧苗移栽前要施足基肥,施肥应以有机肥为主,在施足基肥的前提下,通常以饼粕作追肥效果最佳。一般每 667 米² 施入人粪尿 300～500 千克、饼肥 150～200 千克,缺少有机肥的地区也可用无机肥补充,尽可能减少追肥次数,尤其要减少化肥的追肥次数和数量。确实需要采用化肥作追肥时,宜用尿素,不宜用碳铵,每次每 667 米² 用量应控制在 7.5~10 千克。

(五)水质管理

管好水质,处理好蟹、稻与水的关系。河蟹为甲壳类水生动物,蜕壳时要求水中溶氧量保持在 4 毫克/升以上,因而稻田养蟹首先要建好排水系统,做到能灌能排。其次要根据农时、季节变化和河蟹、水稻生长对水的不同需求,合理调控水位,坚持定期换水,一般每 10~15 天换水 1 次,每次换水 1/3(高温季节每 3 天换水 1 次)。平时蟹沟保持水位 1~1.2 米,稻田水深 0.2 米左右;烤田时,蟹沟水深保持在 0.8 米左右,并根据"春浅、夏满、秋勤"的管水方法,管好水质和水深,以促进河蟹和水稻生长。

河蟹养殖期间,每月每 667 米² 用生石灰 15 千克左右对水化成乳液全田泼洒,以杀灭病菌和驱除敌害,并可补充河蟹所需的钙质。

(六)种植水草

河蟹有自残习性。河蟹完成蜕壳后,在一段时间内匍匐不动,身体柔软,无防御能力,最易被同类和敌害攻击、残食,因此给河蟹提供蜕壳隐蔽场所就非常必要。最好种植沉水植物,也可种植漂浮植物,覆盖率为沟面积的 30%~50%,这样既可为河蟹提供良好的栖息场所,又能改善水质,并能提供部分新鲜植物性饲料,可谓"一举三得"。

(七)饲料投喂

河蟹各生长阶段的日投喂量不一。蟹苗到Ⅲ期仔蟹阶段为河蟹总重的 10%~15%,日投喂 5~6 次,夜间也要投喂。Ⅲ期仔蟹到蟹种阶段日投喂量为在田蟹总重的 8%~10%,日投喂 3~5 次。以上 2 个阶段均为蟹种培育阶段,投喂过程要掌握"前期不脱荤,高温不脱青"的原则。蟹种到成蟹阶段,每日投喂2～3次。

河蟹不同生长发育阶段对饲料需求也不一样。一般放养初期(3～5月份)特别是蟹苗到Ⅲ期仔蟹阶段,因个体较小,投喂的饲料一定要精细。如蛋黄、小鱼、小虾、螺蚬、蚌肉要粉碎蒸煮后投喂,投喂要少量多次。中期(6～8月份)则应多投植物性饲料,除小麦、玉米等还应增投水草、浮萍等。后期(9～10月份)是河蟹积累营养阶段,应多投动物性饲料,以满足成蟹生长育肥、性腺发育的需要。蟹种也要积累营养准备越冬。

饲料的投喂应遵循"四定"原则。

定质:饲料要求新鲜、适口、营养价值高。植物性饲料要求无根、无泥、无黄叶;动物性饲料要新鲜;配合饲料必须轧成颗粒状,在水中能成型6小时。投喂的饲料切忌固定一种,应经常更换。

定量:以天然饲料和商品饲料混合投喂。一般采用动植物混杂饲料投喂,其饲料系数为6～8;采用配合饲料投喂,其饲料系数为3左右。

定时:河蟹白天常隐蔽在阴暗地方,黄昏、夜间才出来觅食。因此,投喂时间应在傍晚。水温在10℃左右时,每周投喂2次;水温在15℃左右时,每隔1天投喂1次;水温在20℃以上时,每天投喂1次。

定位:饲料应集中投在蟹溜内。

每日具体的投喂量可根据"四看"确定。

看季节:2～3月份,天气较冷,河蟹摄食量少,可用少量鲜活饵料(小杂鱼虾或鱼糜加麦粉)轧成颗粒饲料开食。清明节以后,水温逐渐升高,可投喂商品饲料,并增投嫩水草和陆草、菜叶等。5月20日至8月初,河蟹摄食量大,可大量投喂植物性饲料,搭配少量动物性饲料,并在稻田中放养小浮萍,适当投放一些南瓜、小麦、黄豆等植物性饲料。白露以后,河蟹逐步趋于性成熟,应加大动物性饲料的数量,如小杂鱼、蚕蛹、螺、蚬、河蚌肉等,以利于河蟹体内脂肪的积累和性腺发育。

看水质：水质清新，可大量投喂；水质肥，浮游植物数量多，应控制投喂量。

看天气：晴天水温高，应多投；阴天、雨天、气压低时应少投。

看河蟹摄食情况：每天早、晚巡塘，检查河蟹摄食情况。如投喂后食场中的饲料很快吃完，可适当增加投喂量；反之则少投。

稻田在高温季节要坚持勤换水，一般每2～3天换1次水，每次换水20厘米左右。

日常管理工作主要包括"六查"、"六勤"：即查河蟹活动是否正常，勤巡田；查河蟹是否缺氧，勤做清洁卫生工作，以改善水质；查养蟹稻田内是否有敌害生物，勤清除敌害；查稻田内是否有软壳蟹，勤保护软壳蟹；查河蟹是否患病，勤防治蟹病；查成蟹池的防逃设施，勤维修保养。

(八)收 获

1. 水稻收割 收割前先降低水位，将蟹赶至蟹沟中。如河蟹的密度过大，可起捕一部分，待稻田全部露出水面后再割稻。如水位不能降到稻田平面以下，只能在水位适当时，人在水中收割，将稻放入身后的大盆内，下刀要慢，走动不要过快，以免损伤河蟹。

2. 河蟹的捕捞 稻田养蟹一般从9月中旬就开始捕捞河蟹，直到捕捞完为止。捕捞方法可采取放水用蟹笼捕捉，也可在夜间放干蟹沟、蟹溜内的水，用灯光在沟、溜中诱捕。捕捉完毕后立即注水，如此反复捕捉2～3个夜晚，即可捕净。

捕起的成蟹，分规格进行暂养，等到市场价格昂贵时再出售。暂养池的水质条件要好，灌、排水方便。需投喂精细饲料，暂养密度以300千克/667米^{2}左右为宜。

四、稻田养蟹的施药技术

河蟹对农药的毒性比鱼类更敏感,因此稻田养蟹必须严格控制使用对河蟹毒性强的农药。如确需施用,必须选用毒性低的农药。还应准确掌握水稻病虫害的发生时间和规律,对症下药。要采用喷施的方法,尽量减少农药散落于水面。施药前,应降低水位,使河蟹进入蟹沟和蟹溜内。施药后应换水,以降低田间水体农药的浓度。分批隔日喷施,以减少农药对河蟹的危害。

(一)稻田常见病虫害的药物防治

1. 稻飞虱 每 667 米² 用 40%乐果乳油 75 毫升对水喷雾。也可利用该虫具有假死的特点,用竹竿搅动稻株,结合上大水,使蟹进入稻丛将其摄食。

2. 纵卷叶螟、螟虫 每 667 米² 用 90%杀虫丹可湿性粉剂 40～50 克或 25%杀虫双水剂 200 毫升对水喷雾。对纵卷叶螟应注意前期少用药,因水稻有补偿能力。

3. 水稻纹枯病 每 667 米² 用 20%井冈霉素可湿性粉剂 50～75 克对水喷雾。

4. 稻瘟病 每 667 米² 用 25%三环唑可湿性粉剂 75～100 克对水喷雾。

5. 稻曲病与后期叶病 每 667 米² 用 20%粉锈宁乳油 50～75 毫升对水喷雾。

(二)稻田养蟹禁用的农药品种

1. 噻嗪酮 也叫扑虱灵、稻虱净,包括其复配剂。此药能抑制蟹的几丁质合成,影响蟹的蜕壳。

2. 吡虫啉 也叫一遍净、咪蚜胺等,包括其复配剂。此药能干扰蟹的运动神经。

3. 菊酯类农药　包括其复配剂,水生生物对此药敏感。

4. 锐劲特　蟹对此药敏感,串水田也可造成死亡。但可用于养鱼稻田,对螟虫、稻飞虱有特效。

5. 甲胺磷　此药既影响河蟹的生长速度,又影响河蟹的食用品质。

另外,对硫磷、氧化乐果、久效磷、克百威等高毒性农药也应禁用。

(三)施药方法

1. 喷药机械的选择　宜选用机动弥雾机,选用0.7毫米喷孔片,喷细雾,注意喷头平喷,喷中上部稻株,减少药液下滴在水中的数量。

2. 用药时的水浆管理　喷药前上大水,一般在10厘米左右。若遇水中农药浓度高的情况,应迅速灌水排水。

3. 用药时间　选择晴好天气,在稻株露水干后使用,有利于稻株最大限度地吸收药液。

五、稻田养蟹的敌害防治

稻田养蟹的敌害较多,危害较大的有水蛇、青蛙、黄鳝、老鼠。可采用在防逃墙外投放鼠药,安放鼠笼或鼠夹,放置稻草人及人工捕杀等方法进行清除。

老鼠是养蟹最大的敌害,稻田养蟹防逃墙都比较矮,虽能防逃,但不能预防鼠害。因此,要设法灭鼠。灭鼠的方法有多种,各地应根据实际情况,采用不同方法灭鼠。如每年6~7月份是江南梅雨季节,要少用药物灭鼠,防止阴雨天药物被雨水冲掉,起不到灭鼠作用,应多用笼张、铁夹等捕捉。铁夹捕鼠后,要用肥皂水清洗,再用开水冲洗,晒干后没有异味方可再用,否则就捕不到老鼠。

夜间悬灯用鱼叉刺捕等效果也好。用药物灭鼠一般选在雨季前后进行，且每隔一段时间，应根据老鼠的危害，不定期采用不同方法。一种灭鼠方法不能重复使用，否则就没有效果。据调查获悉，1只250克重的老鼠，1昼夜能吃掉250克重的河蟹4～6只，能吃掉6～10克重的仔蟹10只以上。

河蟹有特殊气味，养蟹后便能招引大批老鼠。因此，养蟹稻田必须建好防逃墙，不管用水泥板、钙塑板或石棉瓦等，最好达到80～100厘米的高度，既能防逃又能防鼠，否则鼠害难以解决。

六、稻田养蟹的搭配混养技术

稻田养殖河蟹与其他鱼类搭配混养是在稻田养蟹的基础上综合开发的一个重要项目，是一种优化的生态农业组合，可以充分利用其共生互利关系，利用稻田的空间和饵料，提高稻田生产的综合效益。

(一)搭配混养克氏原螯虾

7月份以后每667米²放养规格为40克以上的克氏原螯虾5～10千克，让亲虾在稻田内自然繁殖。放养前，用3%～5%食盐水浸浴10分钟，杀灭其体表的寄生虫和致病菌。饲料投喂、水质管理和日常管理与河蟹相同，无须专门针对克氏原螯虾。捕捞主要用虾笼、地笼、抄网等工具，从翌年的5月中旬开始至7月中下旬将虾笼和地笼置于稻田沟内，每天清晨收虾。量少时，可用抄网在水草和沟中抄捕。水稻收割后，可放干田水捕蟹和虾，但要注意留足翌年的亲虾，然后稻田灌水，让虾在稻田中越冬。

(二)搭配混养黄颡鱼

6月10日开始放养黄颡鱼鱼苗，苗种规格为5～6厘米，应体质健壮、无病无伤、规格整齐,放养密度为 1 000 尾/667 米²。鱼苗放养前用 3‰~5‰食盐水浸洗消毒,以杀灭鱼体体表的细菌和寄生虫。

黄颡鱼为杂食偏肉食性的鱼类,在投喂人工配合饲料前,鱼苗入池 2 天后即开始对黄颡鱼鱼苗进行驯化,投喂用绞肉机绞碎的新鲜野杂鱼肉糜,添加 15%玉米面粉作为黏合剂。在环沟拐角处每 667 米² 设置 2 个食台,食台用细网布制成,大小为 1 米×1 米。随着鱼苗个体的增长,每 667 米² 设置食台 1 个。需要注意的是,设置食台的池角处应扩大环沟面积,以便鱼、蟹摄食及保持水质清洁。驯化阶段饲料投喂量为鱼体体重的 1%~3%,一般 3~7 天就能上台,上台摄食后,根据日摄食量投放一定数量的人工配合饲料(人工配合饲料蛋白质含量要求不低于 38%~40%),逐步达到全部投喂人工配合饲料。每日投喂 3 次,投喂量为鱼体重的 5%~6%。同时,减少投喂次数至每天投喂 2 次。饲料粒径根据鱼体大小进行调整。投喂做到"四定"。食场定期消毒,每周清理食场 1 次。每 15 天用 10 毫克/升漂白粉溶液消毒食场 1 次。

(三)搭配混养青虾

青虾虾苗 7 月中旬放养,选用本地无污染池塘自繁自育的或经检疫检验合格的外地青虾苗。蟹种为自行培育的或经检疫合格的外地蟹种,要求规格整齐、无病无伤、体质健壮、附肢齐全。每 667 米² 放养规格为 1.5~2 厘米虾苗 1 万~1.5 万尾,规格为 80~120 只/千克的蟹种 300~400 只,同时可配养 10~20 尾/千克的鲢、鳙鱼种,鱼种用 3‰~4‰食盐水浸洗 5~10 分钟。青虾的饲料投喂和日常管理与河蟹相同。青虾在 8 月中下旬开始捕大留小,分期分批将符合上市规格的商品虾起捕出售。

第十一章　河蟹的大水体增养殖

大水体增养殖河蟹具有水流通畅、受风面大、溶氧充足、天然饵料较丰富的资源优势,因而利用大水体增养殖河蟹,能显著降低生产成本,提高养殖效益。

大水体增养殖河蟹在我国已有 20 多年的历史,除湖泊进行人工放流增养殖外,大江、大河、水库、河沟、汊荡、苇荡等大水体的河蟹增养殖均具有积极的意义,只要选准增养殖水域、把好蟹种关、管理措施完善,大水体增养殖河蟹投入产出比可达 1:10 以上,经济效益十分显著。同池塘、稻田养蟹相比,大水体增养殖生产的成蟹个体大、成色好、品质优、味道更加鲜美,深受消费者青睐,具有广阔的发展前景。

一、水面条件

水域选择是大水体增养殖河蟹成败的前提。我国内陆湖泊、水库、河沟、汊荡等大水面资源丰富,适宜增养殖河蟹的水域面积广、潜力大,尚待开发利用。宜增养殖河蟹的水域应具备如下特点:水源无污染、自然渔业资源丰富、水流平缓、水面开阔、深水区和浅水区的比例适宜、水的 pH 值在 6.5～8.5,且水域中沉水植物丰富、便于人工管理。同时,丰富的水生生物有利于河蟹摄食育肥,水草以苦草、马来眼子菜、轮叶黑藻较多为佳,底栖动物如河蚬、螺蛳等的数量多寡也影响河蟹生长。

一般而言,选择水质清新、溶氧量充足、饵料丰富、水位较浅、水生植被丰富的平原型湖泊式水库作为大水面河蟹增养殖水域最佳,因平原型水库、湖泊大多底质松软,淤泥较厚,底栖动物和水草丰富,适于河蟹生长需要,能够满足河蟹的营养需求。

二、苗种的放养

在蟹种放养前一年进行彻底清杂,清除凶猛鱼类,不再放养青鱼、鲤鱼,减少对河蟹蜕壳期的危害,不再放养草食性鱼类,以利于水草生长,为河蟹提供充足饲料。

大水体增养殖河蟹可以放养大眼幼体、仔蟹或者蟹种,在实际生产中应根据各自条件选择。将大眼幼体或仔蟹从苗种场陆运或空运至目的地,直接投入水体中,翌年秋天捕捞成蟹。其生产周期较长,一般放养蟹苗在5月底至6月初,至翌年9~10月份捕捞成蟹,生长时间为15~16个月,回捕率较低。同时,由于蟹苗阶段个体小、生命力弱,在增养殖水体中受到敌害生物侵袭的机会多,故成活率较低,但群体增重倍数大,产出投入比较高(一般在20~30:1,甚至更高)。据统计,江苏省高宝邵伯湖从1971年至1980年共放流大眼幼体15 500千克,收获成蟹7 667 700千克,平均每千克大眼幼体可产成蟹458千克,投入产出比达到了1:126。投放蟹种则是在春季或者上年冬天进行,蟹种经过5~6个月的生长育肥,于当年秋天捕捞上市。这种模式具有养殖周期短、蟹种运输容易、回捕率较高、资金周转快等特点。

无论投放蟹苗还是蟹种,都应合理确定放养密度,并根据水体面积大小、饵料生物资源的丰歉、水体中敌害生物的多寡、水体的深浅等诸多因素进行考虑。大眼幼体一般每667米^{2}投放0.02~0.1千克,仔蟹一般每667米^{2}放养500~1 000只,蟹种一般每667米^{2}放养50~300只。如果是精养,密度可以适当高一些。

蟹种放养时进行药浴,用3%食盐水浸泡15分钟后在远离荡口处放养,以减少逃亡率。

三、苗种的质量鉴别

为确保大水体增养殖河蟹获得成功,取得较好的经济效益,必须严把选购蟹种关,因为蟹种品质优劣直接制约着增养殖河蟹的成败。蟹苗质量优劣的判断详见本书苗种培育章节。本部分着重强调选购蟹种必须掌握的几个要点。

(一)首选天然蟹种

大水体增养殖河蟹的实践经验证明,天然蟹种的成活率、回捕率及生长规格均优于人工繁殖和培育的品种。在选购天然蟹种时,最好直接从临近蟹苗产区的渔民手中直接购种,以防种贩用人工培育的蟹种冒充天然蟹种,避免购种吃亏受损。

(二)购种须看肢体完整度和体色状况

应选购肢体完整、背甲呈青灰色(原体色)且具新鲜光泽感的蟹种,这样的蟹种才是优质品。反之,如肢体残缺、体色变淡或呈微黄色则表明品质差。

(三)防止购进劣质蟹种

在购买蟹种时,应注意蟹种步足和腹脐长有黄色水锈斑的不能购进。因为这样的蟹种在大水体中多数因不能蜕壳而死亡,导致增养殖成本增高,影响最终效益,甚至出现亏损。

(四)谨防以假乱真的蟹种

在选购蟹种时,若条件许可,应邀请水产专业人员或有选购蟹种经验的人士一同前往购种,以防一些不法种贩用沿海一带的相手蟹(俗称蟛蜞)等蟹种冒充河蟹种出售,使购种者蒙受损失。

四、管理措施

大水体中有水草、浮游生物、底栖生物等丰富的天然饵料资源，一般不需要投喂。因此，管理工作的重点是防逃、防盗。

防逃重点是在大水体的进、出水口设置拦网，并在拦网周围设置地笼，每天检查地笼和拦网，发现河蟹外逃，及时捕起放回。刚刚投放的蟹苗、蟹种在尚未适应新环境的情况下，极易逃逸。夏季暴雨过后，河蟹也会频繁活动，会逆流而出，应加强巡查值班。河蟹性成熟后开始生殖洄游，若没有及时捕捞，也容易逃逸，应适时捕捞。

大水体增养殖河蟹由于水面大、靠捕捞为生的渔民众多，给管理工作带来极大的难度，各地应因地制宜地制定相应的管理措施。渔政等执法部门配合协同共管，严防电、炸、毒等非法作业行为的发生，大力宣传渔业法律、法规，合理协调渔民日常捕鱼作业和大水体增养殖之间的矛盾，控制银鱼网、梅鲚网和白虾网下湖，确保增养殖河蟹的顺利发展。同时，合理保护和培植水草、底栖动物资源，禁止打捞水草，禁止吸螺、吸蚬机械作业。

五、捕捞技术

河蟹通常在淡水中生长6～18个月便开始成群结队、浩浩荡荡地离开原先生长发育的栖息场所，向通海的河川汇集，沿江河而下，到达河口浅海交配繁殖，这就是河蟹生活史中的生殖洄游。大水体增养殖河蟹的生殖洄游一般在寒露开始，至冬至逐渐增多，高峰洄游时间是霜降前后的几天，由于气温骤降，使河蟹洄游进入高峰期，整个河蟹洄游时间约持续2个月。因此，从业者应根据当地气候变化情况，酌情予以准备回捕河蟹工作。大水体捕蟹工具一般有地笼、蟹簖、单层刺网、撒网及蟹钓、蟹笼等,以地笼、蟹簖、单层刺网合理结合在一起作业效果较好。捕捞时间应根据河蟹性腺发育程度和洄游时间而定。在长江中游以每年的 9 月下旬至 10 月下旬为好。河蟹在昼夜间有 3 个活动高峰,第一次为凌晨 4 时 30 分至 7 时,第二次为傍晚的 4 时 30 分至 8 时,第三次为午夜的 10 时至 12 时。在活动高峰期捕蟹效果最好,尤其是第一次高峰产量最高。同时,也可采用在近岸、水较浅的水湾处设置地笼、蟹簖等进行捕捞。作业时应结合水流、水位、水温、风向、水草分布等灵活考虑。具体操作方法见网围养蟹捕捞部分。

六、成蟹的暂养

由于河蟹大水面增养殖捕捞时间早,河蟹成熟度低,商品质量差,少黄或无黄,因此必须进行暂养。选择面积为 1 334～3 335 米^2 的联片鱼塘作为暂养池,池水深度 1 米左右,池内有一定的水草及缓坡。按要求建好防逃拦网。暂养池的放养密度在 500 千克/667 米^2 左右。9～10 月份正是河蟹育肥、聚黄的最佳时期,投喂的饲料主要为小杂鱼、虾、动物内脏加入少许骨粉及红薯、玉米等植物性饲料。玉米要求浸泡至表皮快涨开时投喂。饲料投放在浅水处,并应全池多点投喂,日投喂量占河蟹体重的 15% 左右。在管理上,视水质情况,每 10～20 天加注新水 1 次,每次换水 1/5～1/4。每隔 15 天用生石灰 20 千克/667 米^2 化浆全池泼洒,以促进河蟹生长,并注意敌害侵袭及防逃等。

第十二章　河蟹病害的生态防治

一、导致河蟹发病的原因

近年来,随着河蟹养殖规模化、集约化程度的提高,水体环境恶化,河蟹的病害问题日趋严重,已成为制约河蟹养殖发展的重大障碍。因此,加强对河蟹病害的预防十分必要。

导致河蟹发生病害的原因是多方面的,既有种质退化、营养失衡所造成的抗病力下降因素,又有水体环境恶化、大量病原微生物入侵和人为失误等因素。这些因素常常协同致病,因此在分析河蟹的发病原因时,要综合考虑,详加鉴别。

(一)种质退化,抗病力下降

近年来,由于野生蟹种资源的缺乏,人工繁育的蟹苗成为当前河蟹养殖的主要蟹种来源。一些育苗场直接采用同一池塘、同亲本的雌雄蟹作为亲本,进行近亲交配。更有一些企业为降低成本,选用发育不充分的性早熟蟹或个体较小的成蟹作为繁殖亲本。这些做法导致河蟹种质严重退化,繁殖的后代不但个体小,而且抗病力也一代不如一代。

(二)投喂不当,营养失衡

河蟹的正常生长及免疫功能需要全面的营养物质作为保障。人工投喂饲料的营养结构较河蟹在野生状态下摄食的食物有很大差别,某一物质的欠缺或过量均会造成相关功能的紊乱、失调,抗病力减弱。投喂不足、营养缺乏,不能满足河蟹正常生长发育所需,会使河蟹生长缓慢,身体瘦弱,抗病力下降;投喂过多,尤其是一些养殖者为了提高河蟹的生长速度,过多地投喂新鲜动物性饲料,使河蟹营养过剩,促进性早熟,影响其正常的生长发育,导致河蟹提早死亡。

(三)消毒不严,外来病原微生物入侵水体

河蟹养殖生产中的消毒包括蟹种、蟹池、水体、饲料及用具的消毒。

无论是自繁的蟹种还是异地购买的蟹种,均可能带有致病微生物,一旦条件适宜,便大量繁殖,从而引发疾病,所以放养前应进行严格的消毒。

不论新池、旧池,在放养前均应进行彻底消毒,尤其是曾经发生过蟹病或养殖多年的蟹池,底泥较厚,藏有大量的致病性微生物,如果放养前不进行彻底清淤、消毒,那么必将给放养后的河蟹留下隐患。

随着集约化养殖水平的提高,大量的排泄物、死蟹尸体和残饵腐败分解,导致厌氧菌大量繁殖,产生有害物质和气体。如果平时不经常对水体进行消毒,则容易造成自身污染。在水温高、摄食旺季、疾病流行季节更易发生这种情况。

新鲜动植物性饲料(如螺肉、小鱼、水草等)未经消毒直接投喂,或日常使用的工具未经消毒直接进入蟹池,均会大大增加致病微生物进入水体的机会,对河蟹的生存构成威胁。

(四)放养密度过大

养殖者受经济利益驱动,不考虑养殖水域的承受能力,在有限的水体内无限地增加养殖密度,养殖量超出养殖水域的生态容纳量,破坏了水域的生态平衡。这样,伴随河蟹密度的增大,投喂量、残饵及河蟹排泄物必然增多,水质严重污染。同时,河蟹的自由活

动空间减少,生活上承受不适的压力,使河蟹的抗病力下降。一旦发病,相互传染的机会也大大增加。

(五)水体环境恶化

包括池塘内的水质恶化和池塘周围水域水质的恶化。随着集约化养殖程度的提高,放养的密度越来越大,河蟹的排泄物、残饵必然增多,在水中腐败、分解。如果不能加强水质监管,换水次数少,再加上池中水草不多,自身净化能力差,导致水体氨氮含量增高,溶氧量下降,水质恶化。

在人口不断增加、工农业生产飞速发展的今天,对环境的保护没有得到应有的重视,含大量有毒物质的工农业生产废水、生活污水未经任何净化处理就被排入江、河、湖、海之中,导致养殖用水污染,威胁河蟹生存。

在严重恶化的水环境中,不但河蟹生长缓慢,免疫力和抗病力下降,而且使条件性病原微生物得以大量繁殖、毒力增强,甚至成为致命性病原,从而引起河蟹疾病的暴发流行。

二、河蟹病害的预防措施

河蟹养殖是一门新兴产业,目前对河蟹许多疾病的研究还不够深入,缺乏特效药物。而且给药途径不能采用注射或强行喂药,口服给药也仅限于那些尚未失去食欲的个体。一旦河蟹停止摄食,任何药物均无法进入河蟹体内发挥作用。因此,要想减少河蟹疾病的发生,必须"无病先防",从源头抓起,重视养殖过程的每一个环节,才能达到预期的效果。

针对近年来由于近亲繁殖、种质退化,造成河蟹抗病力下降的情况,育苗企业应重视亲蟹的选育,尽量选择不同来源的雌雄个体种源,重量在125克以上。有条件的企业应考虑从天然水体中引入野生原种,严格抱卵蟹的科学管理,保证胚胎的健康发育,从而最大限度地避免种质退化,提高河蟹自身的免疫力和抗病力。

饲料是河蟹生长发育的物质基础。饲料质量的优劣、营养成分是否全面合理、河蟹摄食情况的好坏等,都直接影响河蟹的生长,进而影响河蟹的体质和抗病力。所以,饲料的投喂必须讲究科学,做到"四定":定时,即每日投喂的时间及次数要相对稳定;定位,即饲料投放在多个固定的食台上,这样便于观察河蟹的摄食情况和及时清除残饵;定质,即投喂的饲料必须新鲜、无腐败,动植物性饲料搭配合理,营养全面,并且适口性要好;定量,即一般每日的投喂量为河蟹总体重的 5%~8%,同时根据天气、温度变化适当调整,以每次投喂后在 2 小时内吃完为准,傍晚的投喂量要占全天投喂量的 70%。

严格消毒,是切断病原体进入水体的重要途径。新、旧蟹池放养前 7~10 天均应进行严格消毒,通常采用生石灰 150~200 毫克/升或漂白粉 20~50 毫克/升溶于水中后全池泼洒,旧池要先进行清淤,之后再消毒。蟹种放养前,也应进行消毒,用 25 克/升食盐水浸泡 20~30 分钟,可有效杀灭寄生虫和致病菌,具体的浸泡时间要视水温高低、蟹种耐受程度而有所增减。螺、蚌、小杂鱼等鲜活动物性饲料,投喂前应冲洗干净,并放在 50 克/升食盐水中浸泡 5 分钟;水草、蔬菜等植物性饲料,用 6 毫克/升漂白粉溶液浸泡 15~30 分钟。对食场中的残饵要及时清除,每 1~2 周用 6 毫克/升漂白粉溶液对食场进行消毒。日常使用的工具也要进行消毒,小型工具等放在 10 毫克/升硫酸铜溶液或 20 毫克/升高锰酸钾溶液中浸泡 5 分钟以上;大型工具要经日光曝晒后方可使用。在疾病高发季节应对水体进行定期消毒,用生石灰 20 毫克/升,全池泼洒,每日 2 次。

根据不同的蟹种规格和养殖水平,确定合理的放养密度。一般蟹苗放养密度为 0.3 万~0.5 万只/米²,规格为 800~1000 只/

千克的幼蟹放养密度为 $8\sim15$ 只/米^2，规格为 $600\sim800$ 只/千克的幼蟹放养密度为 $3\sim7$ 只/米^2，规格为 $100\sim200$ 只/千克的 1 龄蟹种放养密度为 $2\sim5$ 只/米^2。放养的苗种要求规格整齐，一次性投放。

　　河蟹主要生活在水环境中，相比陆生动物而言，其对水环境的依赖更加明显，创造一个优良的生态环境，不但有利于河蟹的生长，增强抗病力，而且可以抑制条件致病微生物的繁殖，使河蟹少发病或不发病。因此，建池时要充分考虑周围水域环境，确保养殖用水水源充足、清洁无污染、理化指标符合养蟹要求，并有独立的进、排水系统。其次，加强水体管理，调节水质，定期换水。施用光合细菌、EM 菌等，以转化、吸收池底有机物分解释放出的氨氮、硫化氢等有害物质，改善养殖水体条件，并能抑制有害细菌的孳生与繁殖。移植螺蛳，既给河蟹添加了喜食的活饵料，螺蛳又能摄取池塘底泥中的残渣剩饵等有机营养物质，净化水质。在放养蟹种时，搭配放养鲢鱼、鳙鱼 $60\sim80$ 尾/667 米^2（鳙鱼占 20%，规格为 $20\sim30$ 尾/千克），用于防止藻类蔓延和调节水质。种植水草，以苦草、伊乐藻为主，配合芦苇、水花生，面积约为池塘总面积的 60%。水草不仅为河蟹提供了极好的隐蔽环境，还提供了优质的植物性饲料。更重要的是可净化水质，进行光合作用，增加池塘溶氧量。夏季还能降低水温，为河蟹正常生长营造一个极为有利的生态环境。

三、河蟹病害的诊断方法

　　观察河蟹体色是否正常及甲壳软硬程度和损伤情况，观察体表附着物的颜色、数量、形状和性质。可取少量附着物制成水浸压片镜检，确定附着物的性质。

　　观察蟹的眼部，检查眼能否正常伸缩，是否出现眼柄发白等症状。在头胸甲和腹甲间用解剖刀打开，检查内脏器官是否正常。

打开头胸甲后，可用无菌注射器从心脏直接抽血，制成湿片镜检，看是否有细菌存在，同时观察血淋巴的颜色和透明度。

检查肝胰腺颜色是否正常，有无水肿、萎缩等组织病变现象。取少量肝胰腺制成水浸压片，检查肝组织是否正常，有无颜色变浅、变褐色及无色等症状。必要时可做组织切片检查肝细胞病变特征。

用镊子将胃和肠道取出，用解剖刀刮取少量黏液或取部分组织制成水浸压片进行镜检，可检查组织病变情况。

用剪刀剪取部分肢节，检查肌肉颜色和特征，并观察肌肉颜色是否有异，同时做组织病理变化的检查。

观察生殖腺颜色是否正常，腺体发育是否正常，有无炎症及其他病理变化。

四、治疗河蟹病害的给药方法

为了充分发挥药物预防和治疗水产养殖动物病害的作用，必须选用正确的给药方法。渔药的使用方法不同，不仅会影响机体对药物吸收的量和速度，而且影响药物对病原的作用，甚至会引起药物作用性质的改变。在水产养殖动物疾病治疗中，体外用药是发挥局部作用的给药方法，体内用药主要是通过吸收发挥作用的给药方法，因而应根据发病动物的具体情况和药物本身的特性选用适宜的给药方法。

（一）遍洒法

遍洒法又称全池泼洒法，是河蟹疾病防治中最常使用的一种方法。通常采用对某些病原体有强大杀灭效果的药物，并保证其使用浓度在河蟹的安全药物浓度范围内，均匀地泼洒在池内。使用本法必须精确计算出养殖水体的体积和用药量。

使用化学药品一般选用木质、塑料或陶瓷容器,在容器中加入大量的水,使药物充分溶解。中草药则应先切碎,经浸泡或煎煮,然后将药液加水稀释。泼药时间一般在上午9时至下午2时进行。但对光敏感的药物,宜在傍晚使用。雨天和雷雨低气压天气时不宜泼药。泼药前应做好一些应急准备,泼药后应现场观察一段时间(2~4小时),注意是否有异常情况。

本法只要用药正确和药量计算准确,泼洒均匀,能较彻底地杀死河蟹体表、鳃及养殖水体中的病原生物,具有见效快、疗效高的优点,特别适用于小型水体。但对水体面积大、价格贵的药物由于劳动强度大、用药量大、成本高等问题,显然不太适用。此外,有的药物药效容易受环境因素影响而丧失一部分作用,或容易污染环境,伤害甚至杀死一些饵料生物和有益动植物,在使用时应特别注意。

(二)悬挂法

悬挂法又称挂篓(袋)法,即将药物装入有微孔的容器中,悬挂于食台周围或网箱中,利用药物较缓的溶解速度,形成药物区,通过河蟹到食台摄食的习性来达到防治病害的目的。目前,常用的悬挂药物有含氯消毒剂、硫酸铜、敌百虫等,悬挂的容器有竹篓、布袋和塑料编织袋等。

1. 漂白粉挂篓 用于防治河蟹体表或鳃部的细菌性疾病。将药篓悬挂于所要求的水层中或近池底,一般每篓装漂白粉100克。实践证明,细菌性皮肤病和鳃病常发生在每年的5~10月份,使用漂白粉食场挂篓法,可有效防止或减少这些疾病的发生。

2. 硫酸铜挂袋 用于防治寄生虫性鳃病和皮肤病。

3. 敌百虫挂袋 用于预防和治疗河蟹体表和鳃部的寄生性甲壳动物病。

总之,悬挂法利用药物的缓慢扩散而发挥防治作用,适用于流行病暴发季节到来之前的预防或病情轻时采用。具有用药量少、成本低、方法简便和副作用小等优点。但杀灭病原体不彻底,只有当河蟹到食台摄食及活动时,才能起到一定作用。

(三)浸 洗 法

浸洗法又称洗浴法,就是将河蟹集中在较小的容器或水体内,配制较高浓度的药液,在较短时间内使河蟹强制受药,以杀死其体表和鳃部的病原生物。浸洗法通常是在苗种放养前,对于一些不适宜全池泼洒的昂贵药物或毒性大、半衰期长、容易引起水环境污染的药物也可以采用,以降低成本和保护水域环境。浸洗法常用的药物有甲醛、高锰酸钾、漂白粉、二氯异氰尿酸钠、聚乙烯吡咯烷酮碘等。杀灭体外寄生虫的药物如硫酸铜、敌百虫、硫双二氯酚也常用。常用的容器为玻璃钢水槽、盆、桶等。

具体操作方法是:在准备好的容器内装上水,记下水的体积数,按浸洗要求的药物浓度,计算和称取药物并放入容器内,搅拌使之完全溶解,测量水温,然后把要浸洗的河蟹放入药浴容器中,经过要求的浸洗时间后,把河蟹捞出放入养殖池中。有的药物须用清水洗净后才可放入养殖池。如在小型养殖池进行浸洗,可不必捕起河蟹,先排掉 1/2～3/4 的池水,按剩余水量配制药液,浸洗时间到后,加灌新水至原水位即可。在实施浸洗法预防或治疗河蟹疾病时,浸洗时间一般是 10～20 分钟,如果超过 30 分钟以上则应准备好充氧机,以便向容器内充气增氧。

浸洗法用药量少,时间可人为控制,治疗效果好,不污染水体,对养殖水体中的生物无影响。但需要捕捞和搬运患病河蟹,且只适用于体表和鳃部病原生物的控制,放回原水体后可能重复感染,对大型水体不宜采用。此外,由于强制性高浓度药浴,可能出现应激反应和影响患病河蟹的摄食能力。

(四)浸沤法

此法是我国古老的一种水产动物防病给药法,实际是应用中草药防治水产动物疾病的一种给药方法。具体操作是:将采集到的中草药扎成捆,投放在养殖池食台附近或池塘进水口、上风处等浸沤,利用浸泡出的药物成分扩散到池中,以抑制或杀死水中及河蟹体表、鳃部的病原体。

浸沤法适用于交通不便的地区或边远山区可原地采集中草药的地方,因其作用弱且药力有限,在集约化养殖或流行病暴发期间起不到防治病害的实际效果。

(五)涂抹法

涂抹法也叫涂擦法,适用于皮肤溃疡病及其他局部感染或外伤,它直接将药物涂在养殖动物的体表,是一种最直接、最简单的给药方法。此法通常使用高浓度药液,如一些消毒剂、防腐剂或氧化剂,直接涂抹在病灶处,以杀死病原生物或防止伤口感染。但这些药液或药膏易被水溶解、冲掉或漂浮于水面,其应用受到一定限制。对水产养殖动物具有良好使用价值的涂抹剂应具备足够的黏附力,能较牢固地附着于水产动物体表,在水中溶解缓慢,一经使用效果快且明显。

涂抹法具有用药少、安全、副作用小等优点,但适用范围小。

(六)口服法

口服法又叫投喂法,一般是将药物均匀地混合到饲料中,制成适口的药饵后投喂。目前常用的口服药物有维生素、微量元素、磺胺类药物、喹诺酮类药物、中草药等。给药的剂量一般是根据养殖对象和体重来计算。使用口服法至少要投喂3～5天,即1个疗程,然后停药1～3天,观察效果,视病情决定是否进行下一个疗程。药饵的制作要根据不同养殖种类或对象的摄食习性和个体大小，用机械或手工加工。

吞食型药饵的制作是将药物、饲料、黏合剂等按比例均匀混合，然后根据水产动物的个体大小，用饲料机加工成适口的颗粒状或短杆状，直接投喂或晒干后备用。

草食型药饵的加工可选择水产动物爱吃的嫩草，根据其个体大小，切成适口的小段，再将药物与适量黏合剂（如麦粉、山芋粉）混合，加热水调制成糊状，冷却后使其黏附于草料上，晾干后直接投喂。

动物性活体饵料类型药饵的制备是以较大量的药饵投喂饵料动物，待饵料动物停止摄食后捕起，再转投于水产动物。也可将药物注射到活饵料体内。

口服法是一种能发挥吸收作用的投药方式，常用于增加营养、病后恢复及体内病原生物感染，特别是防治细菌性肠炎病和寄生虫病，用药量少，操作方便，不污染环境，对未患病的河蟹不产生应激反应等。但其治疗效果受病情轻重和摄食能力的影响，对重症和失去摄食能力的个体无效，对滤食性和摄食活性生物饵料的阶段也有一定难度，因为药饵不易制备。另外，应注意所投药饵有效成分在水中的散失。

五、河蟹常见疾病的防治

（一）疱疹病毒病

【病　原】　疱疹病毒。在电子显微镜下可看到病毒粒子为20面体，具有圆环形核状物和双层外壳，存在于病蟹红细胞的核内或游离在血液中。根据血淋巴及红细胞的病理变化可做出初步诊断，确诊则需用电子显微镜观察到细胞核内的病毒粒子。

【症　状】　病蟹行动迟钝，在死前呈昏睡状态。外骨骼正常，能照常蜕壳。血淋巴变为白色，并含有无数微细颗粒。组织切片中的红细胞具有非常大的核和大而折光的胞质含物。

【流行特点】　本病主要引起幼蟹死亡。在成蟹中也存在这种病毒，但不显症状。本病的传染主要是摄食了病蟹的组织，也可能是经含有病毒的水感染。

【预　防】　每10天用0.2毫克/升富氯进行全池泼洒消毒，可预防本病。

【治　疗】　尚无有效治疗手段。

(二)呼肠孤病毒病

【病　原】　呼肠孤病毒。

【症　状】　病蟹甲壳有褐色斑点，鳃呈红棕色，附肢颤抖甚至瘫痪，血液无法凝固。严重时病蟹呈昏迷状。

【流行特点】　本病主要发生在仔蟹阶段。

【预　防】　放养前彻底清塘，采用化学、物理或生物方法进行水质改良，适当降低养殖密度。

【治　疗】　本病尚无有效治疗手段，仅对患病初期的河蟹采用酚皂溶液洗浴消毒有一定的效果。

(三)颤　抖　病

【病　原】　本病又称环爪病、抖抖病，疑为球状病毒或其他不明原因导致。

【症　状】　最典型的症状为步足颤抖，环爪、爪尖着地，腹部离开地面甚至蟹体倒立。病蟹反应迟钝，行动缓慢。螯足的握力减弱，蜕壳困难。摄食减少以至不摄食。鳃排列不整齐，呈浅棕色或黑色。肝胰脏呈淡黄色。

【流行特点】　自1994年在江苏省个别养蟹池塘中首次发现

颤抖病以来,上海、浙江、安徽、江苏各省、自治区、直辖市以至全国各养殖河蟹地区陆续发生本病,且未采取有效防治措施的地区还在日趋严重。无论是池塘、稻田,还是网围、网栏养蟹,从3～11月份均有发生,尤其是夏、秋季流行最为严重。蟹种至成蟹均可患病,发病率和死亡率均高,尤其是饲养管理不当,水环境差的地方发病率可高达90%以上,死亡率在70%以上。发病严重的水体甚至绝产,是当前危害河蟹最严重的一种疾病。

【预　防】　养蟹池要彻底清整和消毒,清除池底淤泥,每667米^{2}用100千克生石灰彻底清塘,以杀灭野杂鱼、细菌、病毒和寄生虫等,并充分曝晒池底,促进池底有机物氧化分解,改善池塘底质环境。同时,注意饲料的营养均衡,并适当添加虾蟹复合维生素、蜕壳素和植物性饲料。

【治　疗】　连续泼洒2次强克202,每次用量为0.3毫克/升。同时,每100千克饲料中加2.5千克板蓝根和150克中鱼尼考口服。间隔数天后,全池泼洒硝化细菌0.3毫克/升。

也可选用二嗅海因、二氯海因、三氧化氯、三氯异氰尿酸等全池泼洒。同时,将病毒灵、土霉素和板蓝根等药物拌入饲料中投喂,每100千克饲料拌0.5千克药物,连喂5～7天为1个疗程。

(四)弧 菌 病

【病　原】　弧菌。

【症　状】　病蟹甲壳有红色斑点,鳃呈红棕色,四肢局部或全部麻痹,蜕壳困难。附肢腐烂或肛门红肿,引起河蟹拒食,并有昏迷现象。常在池塘浅水处蜕壳,而后死亡。

【流行特点】　本病主要发生在幼体阶段,发病季节为5～9月份。

【预　防】　每月坚持采用二溴海因0.1毫克/升全池泼洒1～2次,同时尽量避免蟹体受伤。

【治 疗】 在饲料中添加1%～2%蟹立康1号或2%蟹立康2号。或每千克体重添加土霉素0.1～0.2克,拌于饲料中投喂,5～7天为1个疗程。

(五)水 肿 病

【病 原】 由假单胞菌感染腹部伤口所致。

【症 状】 病蟹腹部、腹肌及背壳下方肿大,呈透明状,匍匐在池边,拒食,最后在池边浅水处死亡。

【流行特点】 本病主要发生在成蟹阶段。

【预 防】 河蟹蜕壳时,尽量减少对其的惊扰。避免河蟹受伤。定期进行全池消毒,增加一定的换水量。

【治 疗】 发病后用土霉素0.5～1毫克/升全池泼洒。每千克体重用0.1～0.2克土霉素或红霉素拌入饲料中投喂,连用7天为1个疗程。

(六)肠 炎 病

【病 原】 嗜水气单胞菌。

【症 状】 病蟹摄食减少,肠胃发炎,轻压肛门有黄色黏液流出。

【流行特点】 全年均可发生。

【预 防】 病害流行季节,经常采用海因类消毒剂消毒养殖水体,同时每100千克饲料内添加免疫多糖200克、L-抗坏血酸-2-多聚磷酸酯(LAPP)100～200克,每月投喂7天,可有效预防肠炎病的发生,并可提高生长速度。

【治 疗】 全池泼洒二溴海因0.2毫克/升,同时每100千克饲料内添加克菌灵500克,连续投喂3～5天为1个疗程。或全池泼洒生石灰5毫克/升,同时每100千克饲料内添加乙酰甲喹100克,连续投喂7天为1个疗程。

(七)黑鳃病

【病　原】　嗜水气单胞菌或柱状曲挠杆菌。

【症　状】　病蟹鳃部受感染变为黑色,轻时左右鳃丝部分呈现暗灰色或黑色,重时鳃丝全部变为黑色。病蟹行动迟缓,呼吸困难,故俗称叹气病。

【流行特点】　本病主要发生在7～9月份的成蟹养殖后期,主要由水环境恶化诱发。

【预　防】　经常加注新水,保持水质清新。放养前必须采用生石灰彻底清塘,池底软泥部分不能超过15厘米厚。病害流行季节,应每10天用二溴海因0.1毫克/升全池泼洒消毒。同时,经常使用光合细菌5毫克/升或益水宝0.2毫克/升改良水质。

【治　疗】　发病后用生石灰15～20毫克/升全池泼洒,连用1～2次。将病蟹放在30毫克/升聚维酮碘溶液中浸洗3～4次,每次20～30分钟。

(八)腐壳病(甲壳溃烂症)

【病　原】　嗜甲壳细菌。

【症　状】　病蟹步足尖端破损,呈黑色溃疡和腐烂,然后步足各节及背甲、胸板出现白色斑点并逐渐变成黑色溃疡。严重时甲壳被侵蚀成洞,可见肌肉或皮膜,导致河蟹死亡。本病是由于河蟹步足尖端受损伤感染病菌所致。

【流行特点】　主要危害幼蟹和性成熟前的成蟹。

【预　防】　放养前彻底清塘,有发病征兆时需用生石灰5～10毫克/升全池泼洒。盛夏季节时常加入新水,保持水质清新。

【治　疗】　有发病征兆的池塘,用生石灰对水全池泼洒;也可用漂白粉2毫克/升全池泼洒,同时每千克饲料中加磺胺类药物0.1～0.2克,连喂3～5天;或用5%～10%食盐水浸洗病蟹3～5

分钟,连用1周。

(九)腹水病

【病　原】　本病是由嗜水气单胞菌、拟态弧菌和副溶血弧菌等混合感染所引起。

【症　状】　疾病早期没有明显症状。严重时病蟹行动迟缓,多数爬至岸边或水草上不摄食,轻压腹部病蟹口吐黄水。打开背甲时有大量腹水。肝脏发生严重病变,坏死、萎缩,呈淡黄色或灰白色。鳃丝缺损,呈灰褐色或黑色。折断步足时有大量液体流出。肠内没有食物,有大量淡黄色黏液。

【流行特点】　全国各养蟹地区均有发生,各阶段河蟹均可发生。在长江流域5~11月份均有发生,以7~9月份最为严重。发病率和死亡率都很高,严重的池塘甚至绝产。池中不种水草或水草很少、水质恶化的池塘发病尤为严重。

【预　防】　清除过多淤泥,并用200毫克/升生石灰或20毫克/升漂白粉彻底清塘;投喂新鲜优质饲料,避免放养过密;发现病蟹及时捞出深埋。

【治　疗】　土霉素或呋喃西林全池遍撒,使池水浓度达到0.5~1毫克/升;每千克河蟹用0.1~0.2克土霉素或红霉素,拌料投喂,连用5~10天。

(十)细菌性烂鳃病

【病　原】　本病由弧菌、产气单胞菌等细菌感染所引起。

【流行特点】　全国各养殖地区均有发生,尤其当饲养管理不良,池塘水质、底质较差的情况下发病较多,严重时可引起死亡。

【症　状】　疾病早期没有明显症状。严重时河蟹反应迟钝,摄食减少或不摄食。趴在浅水处或水草上,有的上岸。鳃丝肿胀、呈灰白色、变脆,严重时鳃丝尖端溃烂脱落。

【流行情况】 发病高峰在 7～9 月份,主要危害 80 克/只以上的河蟹,死亡率较高。

【预 防】 主要是改善池塘条件,保持良好的水质。定期用生石灰泼洒改善水质;清除食场残饵,消毒食场;用二溴海因 0.2 毫克/升全池泼洒,或用聚维酮碘,每 667 米² 水面、每米水深用 250 毫升。

【治 疗】 连续用 15～20 毫克/升的生石灰溶液泼洒 2 次,每日 1 次;取大黄(干品)1 个,用 0.3％氨水浸泡 12 小时后全池泼洒,使池水药物浓度达到 2～3 毫克/升。

(十一)烂 肢 病

【病 原】 一般认为本病是由于河蟹在运输、放养过程中,遭受机械损伤或敌害侵入感染嗜甲壳细菌后发生炎症所致。

【症 状】 病蟹腹部及附肢腐烂,肛门红肿,摄食减少或拒食,活动迟缓,无法蜕壳,最后死亡。

【流行特点】 本病主要发生在仔蟹或成蟹阶段。初春水温上升时出现本病,夏、秋季发病率高。

【预 防】 运输或放养过程中防止河蟹受伤,以免被细菌感染;放养前将河蟹放入 30 毫克/升聚维酮碘溶液中浸洗数分钟后再投放。

【治 疗】 全池泼洒溴氯海因 0.3 毫克/升,3 天后再泼洒 1 次;全池泼洒生石灰 15～20 毫克/升,连用 2～3 次;全池泼洒土霉素 0.5～1 毫克/升。

(十二)水 霉 病

【病 原】 常见的病原有水霉和绵霉,菌丝为管形没有横隔的多核体。

【症 状】 在捕捞、运输及生长过程中,河蟹受机械损伤或敌害生物破坏体表,霉菌侵入伤口所致。附着在蟹体损伤处的为内菌丝,纤细且分支多,深入蟹壳及肌肉并吸收营养;在蟹体外部的为外菌丝,较粗壮,分支少,可长达 3 厘米,肉眼可见灰白色棉毛状物。病蟹行动迟缓,摄食减少。诊断时应与纤毛虫病区分。

【流行特点】　水霉在淡水水域中广泛存在,对水温的适应范围很广,5℃～26℃均可生长繁殖。凡是受伤的河蟹均可被感染,但是未受伤的一律不感染。严重感染时也会引起死亡,尤其是继发细菌感染时死亡率升高。

【预　防】　在捕捞、运输、放养等操作过程中应小心仔细,勿使蟹体受伤;大批蟹蜕壳期间,增加动物性饲料,减少同类互残。

【治　疗】　用 3％～5％食盐水浸洗病蟹 5～10 分钟,并用 5％碘酊涂抹患处;或用 10％二溴海因治疗,每 667 米^2 水面使用 200 克。

(十三)链壶菌病

【病　原】　主要是链壶菌。

【症　状】　主要危害对象为河蟹的卵和幼体。链壶菌菌丝分支,无隔膜,菌丝体的一部分可形成游动孢子,游动孢子释放后在水中游泳,遇到河蟹幼体或卵子时就固着其上,并向内伸出发芽管,发芽管内再分出菌丝。被链壶菌感染的蟹卵呈褐色或黑色,不能孵出蚤状幼体。幼体感染后呈棉花状,活动能力下降或丧失,最终死亡。镜检幼体可见其全身均着生菌丝体。病蟹鳃和脐上的毛有棉花状菌丝体,背甲略呈黑色,摄食量少,肠和胃空虚,行动迟缓,捕捉后不久(2～3 天)陆续死亡。发病原因主要是水质败坏和饲养管理不善。

【流行特点】　从冬季至早春均可流行,到初夏连续数天平均水温达 25℃以上时,本病可自行消失。本病传播速度很快,危害大,若育苗池中发生本病,通常 24～48 小时可使幼体大量死亡。

【防治方法】 更换池水,对育苗海水进行消毒处理。全池泼洒二氧化氯,预防浓度为 0.2～0.5 毫克/升;治疗浓度为 0.4 毫克/升,连用 3 天为 1 个疗程。全池泼洒生石灰,使池水浓度达到15～20 毫克/升。因在密集条件下,链壶菌的传染速度较快,治疗较难,故一般亲蟹出现本病,应将其挑出后单独治疗。

(十四)纤毛虫病

【病　原】 是由聚缩虫、累枝虫、钟形虫、单缩虫等固着类纤毛虫寄生所引起。虫体呈倒钟罩形或高脚杯形,前端形成盘状的口围盘,边缘有纤毛,成串地聚集在一起寄生于蟹体上。

【症　状】 本病是由于池水长期不换、残饵不及时清除、池水过肥,使纤毛虫大量繁殖并寄生所致。病蟹鳃部变成黑色,附肢、眼及体表呈灰黑色绒毛状。少量固着时,经蜕壳、换水后可痊愈,一般危害不大。但当水中有机物含量多、换水量少时,固着类纤毛虫大量繁殖,充满鳃、附肢、眼及体表各处,河蟹反应迟钝,行动缓慢,对外界刺激无敏感反应,食欲下降乃至停食,不能蜕壳。将病蟹提起时,附肢吊垂,螯足不夹人,手摸体表和附肢有滑腻感。

【流行特点】 主要发生在夏季,全国各地都有发生,危害蟹卵、幼蟹及成蟹。发病时间一般在 5～9 月份,尤以 8 月中下旬为甚。

【预　防】 经常更换池水,保持水质清新,每次更换 1/3 的池水;定量投喂饲料,及时清除残饵;经常使用微生物制剂和水质改良剂,改善池塘底质和水质条件,防止水体有机物过多。

【治　疗】 用 12% 甲醛溶液按 5～10 毫克/升剂量全池泼洒;用硫酸铜、硫酸亚铁按 5:2 比例配成合剂,以 0.7 毫克/升全池泼洒;用 0.5～1 毫克/升新洁尔灭与 5～10 毫克/升高锰酸钾混合液浸洗病蟹;用 0.2%～0.5% 甲醛溶液浸浴病蟹 1～2 小时。

(十五)蟹 奴 病

【病　原】　由蟹奴寄生于蟹体腹部引起。蟹奴体呈扁平圆形、白色,虫体由石灰质坚壳包被躯体及全身,形成外套,具 6 对蔓状胸肢,腹部退化。

【症　状】　本病发生的主要原因是池水含盐量高(盐度在 1‰以上),致使蟹奴大量繁殖,幼体扩散感染河蟹所致。病蟹腹部略显臃肿,打开脐盖可见 2～5 毫米长、厚约 1 毫米的乳白色或半透明颗粒状虫体寄生于附肢和胸板上。雄蟹的脐呈椭圆形,近似雌蟹,螯足小而绒毛少,雌雄难以区分。病蟹生长缓慢,性腺发育停滞。严重者蟹肉具恶臭味,不能食用。

【流行特点】　流行季节为 6～9 月份,尤以 8 月份为甚。

【预　防】　彻底清塘消毒。在蟹池中混养一定量的鲤鱼,可抑制蟹奴幼体数量;对有发病预兆的池塘彻底换水,所注新水的盐度要小于 1‰。或把易感染蟹奴的病蟹移到淡水中,便能抑制蟹奴的发展扩散。用漂白粉、敌百虫或甲醛等彻底清塘,杀灭塘内蟹奴幼虫。在蟹池中混养一定量的黑鱼,抑制蟹奴幼体的数量。

【治　疗】　将已感染的病蟹移到淡水中,抑制蟹奴扩散;彻底清塘消毒,并在蟹池中混养一定量的鲤鱼;用 8 毫克/升硫酸铜溶液浸洗病蟹 10～20 分钟,用 20 毫克/升高锰酸钾溶液浸洗病蟹 10～20 分钟。

(十六)薮枝螅虫病

【病　原】　为薮枝螅虫,属腔肠动物门、水螅虫纲,形似植物,常与苔藓虫和藻类共生在一起。

【症　状】　本病因池水过肥,光照充足,病虫大量繁殖寄生在蟹体上,使河蟹体呈污黑色。

【预　防】　经常更换池水,保持水质清新。

【治　疗】　病蟹在 0.004％甲醛溶液中浸浴 20 分钟即可杀死薮枝螅虫。

(十七)苔藓虫病

【病　原】　苔藓虫。

【症　状】　本病因长期不换水,池水过肥,病虫大量繁殖并寄生于蟹体,导致病蟹浑身沾满污物,严重影响其摄食和生长。

【预防和治疗】　经常更换池水,保持水质清新;用 0.004％甲醛溶液浸洗病蟹 20 分钟;用 2~4 毫克/升甲醛溶液全池泼洒。

(十八)蜕壳不遂

【病　因】　河蟹体质差,在运输和放养过程中受伤感染;水质恶化或使用污染的水源,溶解氧不足,使河蟹不能顺利蜕壳而死亡;饲料中长期缺乏钙、铁等微量元素,蟹壳不硬,蜕壳困难;变坏的水体中有大量的浮游生物附着在蟹壳上,形成一层绿色绒毛状物,使河蟹蜕壳困难;蟹种放养时,性腺已成熟,给第一次蜕壳造成困难。

【症　状】　病蟹的头胸甲后缘与腹部交界处出现裂口,但不能蜕去旧壳。病蟹周身发黑,最后死亡。主要危害中后期的成蟹,特别是个体较肥大的成蟹,常常会发生本病。发病原因与生长过程中缺乏某些矿物质元素有关,是池塘养蟹的常见病。发病时间多在 7~8 月份。基本为 2 龄蟹发病,尤其个体肥大的后期成蟹(100 克/只以上)易发生本病,同时离水时间较长的河蟹也易发病。

【预防和治疗】　生石灰 15~20 毫克/升全池泼洒,每 5 天使用 1 次,连用 3~4 次。

在饲料中添加适量的蜕壳素或贝壳粉、骨粉、蛋壳粉、鱼粉,增加动物性饲料比例,一般 3~5 天可收到良好的效果。

　　加强日常管理。河蟹一般是在浅水区进行蜕壳,因此一要在池塘四周设置 2～3 米宽的浅水或浅水滩,并注意防止干涸。在浅水或浅水滩处栽培水花生、芦苇等植物,创造安静又隐蔽的场所。定期巡塘,早、中、晚各 1 次。注意河蟹摄食情况,及时清理蟹壳和死蟹。蜕壳期间加强营养,投喂一般在下午 5～6 时为好。注意及时换水,保持水质清新、溶解氧丰富。

(十九)中毒症

　　【病　因】　池塘水质恶化或误换腐败水质,导致氨及硫化氢的产生,或因药物使用不当而引起。

　　【症　状】·病蟹活动失常,死亡后蟹体僵硬弓起,脐脱离胸板下垂。剖检可见鳃或肝明显变色。

　　【预　防】　及时换水,保持水质清新,平时可施生石灰改良水质。

　　【治　疗】　发病时,要立即彻底更换池水,换水量为 300％～500％。

(二十)青苔着生病

　　本病主要是由一些丝状藻类着生于蟹的颊部、额部、步足基关节处及鳃上所致。病蟹活动困难,摄食减少,严重时可窒息死亡。发病蟹池一般水质较清。

　　防治可用生石灰彻底清塘;忌用农田废水及含氮较高的水;全池泼洒生石膏粉,使池水浓度达到 25～30 毫克/升,连用 3 次,每次间隔 3～4 天;肥水,控制水体透明度在 25～30 厘米。

(二十一)敌害生物

　　河蟹的敌害生物可分为两大类,即植物性敌害和动物性敌害。植物性敌害主要有青苔、水网藻及微囊藻等;动物性敌害主要有野杂鱼、蝌蚪、青蛙、水蛇等。植物性敌害不仅大量占据水体空间，吸收水体养分，影响河蟹的正常活动和摄食，藻体死亡后还易败坏水质，导致缺氧，甚至泛池，而且易孳生病菌。动物性敌害的危害主要是吞食幼蟹，特别是乌鳢、鳜鱼等肉食性鱼类。野杂鱼争夺河蟹饲料，争夺水体空间，影响河蟹生长。

预防措施为彻底清塘。河蟹苗种入池前，首先干池，清除过多淤泥，曝晒 1 周，再放水 10～20 厘米深，每 667 米^2 用 100 千克生石灰全池遍撒或用 1 毫克/升清塘宁清塘，彻底杀灭野杂鱼、蛙卵、水蛇等敌害生物。然后每 667 米^2 水面、每米水深用 7 千克虾蟹复合肥全池泼洒，这样清塘既可清除隐患，又能调节水质。进水时加强防范，注水口用 60 目网布过滤，防止敌害鱼的幼鱼和受精卵入池。加强日常管理，每隔 15 天每 667 米^2 水面、每米水深用 15 千克生石灰全池遍撒，每隔 15 天用 5 千克水产用复合肥全池遍撒，既可杀灭青苔、水网藻和微囊藻，又能调节水质，补充养分和钙质，促进河蟹生长。

六、河蟹病害防治常用药物的休药期

药物的休药期，即指最后停止给药日至水产品作为食品上市出售的最短时间。有些药物虽允许使用，但其在动物体内吸收、分布、转化和消除有一个过程，必须停止用药一段时间后动物才能被食用，这就是休药期制度。河蟹疾病防治常用药物的休药期可参考表 12-1。

表 12-1　河蟹病害防治常用药物的休药期

序　号	药物名称	休药期（天）
1	敌百虫（90％晶体）	≥10
2	漂白粉	≥5
3	二氯异氰尿酸钠	≥10
4	三氯异氰尿酸	≥10
5	二氧化氯	≥10
6	土霉素	≥30
7	磺胺间甲氧嘧啶及其钠盐	≥37
8	磺胺间二甲氧嘧啶	≥42

七、河蟹病害防治禁用药物及其危害

根据我国农业部的相关规定，下列药物禁止用于河蟹养殖。

（一）氯 霉 素

对人体的毒性较大，可抑制骨髓造血功能，造成变态反应，引起再生障碍性贫血（包括白细胞、红细胞、血小板减少等）。还可引起肠道菌群失调及抑制抗体形成。

（二）呋喃唑酮

该药残留会对人体造成潜在危害，可引起溶血性贫血、多发性神经炎、眼部损害和急性肝坏死等疾病。

（三）甘汞、硝酸亚汞、醋酸汞

汞对人体有较大的毒害作用，极易产生富集性中毒，出现肾脏损害。

(四)锥虫砷胺

由于砷有剧毒,其制剂不仅可在生物体内形成富集,还可对水域环境造成污染。

(五)五氯酚钠

易溶于水,经太阳照射易分解。该药易造成中枢神经系统和肝脏、肾脏等器官的损害,对鱼类等水生动物毒害性很大。该药对人体也有一定毒性,对人的皮肤、鼻、眼的黏膜刺激性较强,使用不当可引起中毒。

(六)孔雀石绿

该药有较大的副作用,能溶解水体中的锌,引起水生动物急性锌中毒。对人体是一种致畸、致癌、致突变的"三致"性物质,潜在危害极大。

(七)杀虫脒和双甲脒

这两种药物已被农业部、卫生部列为高毒性药物,禁止使用。该药不仅毒性大,且中间代谢产物对人体也有致癌作用,还可通过食物链对人体造成潜在危害。

(八)林丹和毒杀芬

这两种药物均为有机氯杀虫剂,其最大特点是自然降解慢,残留期长,对生物有富集作用,有致癌性,对人体性功能器官有损伤等。

(九)甲基睾丸酮和己烯雌酚

这两种药物属激素类药物。在水产养殖动物体内的代谢较慢,最小的残留量都可对人体造成危害。

甲基睾丸酮对妇女可能会引起类似早孕的反应及乳房肿胀、不规则出血等,大剂量应用则影响肝脏功能。可导致孕妇的女胎男性化和畸形胎的产生,易于引起新生儿溶血和黄疸症状。

己烯雌酚可引起恶心、呕吐、食欲不振、头痛反应等,损害肝脏和肾脏,并可引起胎儿畸形。

(十)酒石酸锑钾

该药是一种毒性很大的药物,对心脏毒性最大,能导致心室性跳动过速、早搏,导致急性心源脑缺血综合征,还可能使转氨酶升高、肝脏肿大、出现黄疸,并发展成中毒性肝炎。

(十一)喹 乙 醇

主要作为促生长剂在水产饲料中添加,其抗菌作用是次要的。若长期使用该药,会对水产养殖动物的肝脏、肾脏造成很大破坏,引起肝脏肿大、腹水,甚至造成死亡。此外,长期使用还会产生耐药性,导致肠球菌广为流行,严重危害人类健康。

(十二)地虫硫磷、敌敌畏、六六六

这些药物对水生动物的危害很大,残留在水体和底质中的时间长,对环境破坏性大,对人体健康影响也极大。

第十三章 河蟹产品的质量认证和可追溯体系建设

一、河蟹产品的质量认证

(一)ChinaGAP 产品认证

ChinaGAP 即中国良好农业操作规范,是 2004 年国家认证认可监督管理委员会参照欧洲《良好农业规范综合农场保证控制点与符合性规范》控制条款制定的中国农产品种植、养殖规范,用来认证安全和可持续发展农业的规范性标准。

ChinaGAP 标准的制定遵守了国际标准的统一要求,同时充分考虑了中国农业国情,主要针对初级农产品生产的种植业和养殖业,分别制定和执行各自的操作规范,鼓励减少农用化学品和药品的使用,关注动物福利、环境保护以及工人的健康、安全和福利,保证初级农产品生产安全的一套规范体系。它是以危害预防、良好卫生规范、可持续发展农业和持续改良农场体系为基础,避免在农产品生产过程中受到外来物质的严重污染和危害。ChinaGAP 标准为系列标准。ChinaGAP 标准的发布和实施必将有力地推动我国农业生产的可持续发展,提升我国农产品的安全水平和国际竞争力。ChinaGAP 认证的依据是《中华人民共和国认证认可条例》《良好农业规范认证实施规则》(试行)和相关行业的法律、法规要求。认证标准是食品卫生标准及相关产品标准和良好农业规范系列标准,涉及相应国家标准 24 个。ChinaGAP 产品认证范围包括畜禽、农作物、水产三大类共 12 个模块(表 13-1),不同行业开展认证执行不同的标准。

表 13-1　ChinaGAP 产品认证范围

类　别	模　块	具体产品
畜禽类	牛羊模块	繁育、产奶或肉用的牛；繁育或肉用的羊
	奶牛模块	犊牛、奶牛
	家禽模块	圈养、散养或放养的家禽
	生猪模块	繁育或肉用生猪
农作物类	果蔬模块	水果类、蔬菜类、香辛料类
	大田模块	稻、小麦、玉米、花生、斯佩尔特小麦、大麦、燕麦等
	茶叶模块	茶　叶
水产类	工厂化养殖模块	鲆　鲽
	网箱养殖模块	大黄鱼
	围栏养殖模块	中华绒螯蟹
	池塘养殖模块	罗非鱼、鳗鲡、对虾、鲈鱼、锯缘青蟹、中华鳖、青鱼、草鱼、鲢鱼、鳙鱼、鲤鱼、鲫鱼、鳊鱼
	滩涂、底播、吊养养殖模块	贝类、棘皮动物和藻类等滩涂、吊养、底播养殖水产品

　　养殖水产良好农业规范是 ChinaGAP 的组成部分，它共包含 12 个标准，其中涉及河蟹产业的是：第 13 部分《水产养殖基础控制点与符合性规范》，第 14 部分《水产池塘养殖基础控制点与符合性规范》，第 15 部分《水产工厂化养殖基础控制点与符合性规范》，第 16 部分《水产网箱养殖基础控制点与符合性规范》，第 17 部分《水产围栏养殖基础控制点与符合性规范》，第 24 部分《中华绒螯蟹围栏养殖控制点与符合性规范》。

　　通过 ChinaGAP 认证，能够提升农业生产的标准化水平，有利于提高农产品的内在品质和安全水平，有利于增强消费者的消费信心。ChinaGAP 允许有条件合理使用化学合成物质，并且其认证在国际上得到广泛认可。因此,进行 ChinaGAP 认证,可以从操作层面上落实农业标准化,从而提高我国常规农产品在国际市场上的竞争力,促进获证农产品的出口。通过 ChinaGAP 认证的产品,其销售价格高于非认证的同类产品,因此可以提升产品的附加值,从而增加认证企业和生产者的收入。通过 ChinaGAP 认证,有利于增强生产者的安全意识和环保意识,有利于保护劳动者的身体健康。通过 ChinaGAP 认证,有利于保护生态环境和增加自然界的生物多样性,有利于自然界的生态平衡和农业的可持续发展。

在我国加入世界贸易组织之后,ChinaGAP 认证成为农产品进出口的一个重要条件。通过 ChinaGAP 认证的产品将在国内外市场上具有更强的竞争力。没有通过 ChinaGAP 认证的供货商将在国际市场上被淘汰出局,成为国际贸易技术壁垒的淘汰品。

(二)食品质量安全 HACCP 体系认证

HACCP 是目前世界上公认的最有效的食品安全预防体系。所谓 HACCP,即指危害分析与关键控制点。它是一种预防性的食品生产安全控制体系。这一体系包括 7 个基本原理,即危害分析和预防措施、确定关键控制点、建立关键限值、建立关键控制点监控体系、建立纠偏程序、建立验证程序、建立记录保持程序。在水产品养殖初期应用 HACCP,可以对一些特别的危害和控制措施进行识别,当产品的安全控制与生产加工过程融为一体时,可以减少对最终产品的测试,资源得到有效利用。HACCP 的原则应该贯彻于养殖场到餐桌的食品安全过程中,从而使养殖水产品真正地、全面地有益于人,也就是增强消费者对养殖水产品的食用信心。根据池塘养殖(包括集约化养殖)的生产过程,有 4 个关键控制点非常重要,它们是池塘(养殖场所)的环境、水质和水源、饲料供应和养殖生产。

在河蟹生产方面制定 HACCP 计划,主要依据在养殖水体环境、水质、苗种、饲料、药物方面等已经发布的许多国家标准。如《无公害食品 渔用配合饲料安全限量》《无公害食品 水产品中有毒有害物质限量》等,这些标准是制定 HACCP 计划的依据。就是要在亲体—幼苗—养成—销售整个过程中对包括养殖场在内的环境、养殖水质、苗种、饲料、水产药物等方面进行全方位的监控,针对各个重要的环节进行危害分析,并加以控制,确保养殖产品不会给人类的健康造成危害。其主要做法如下。

第一,对产地(养殖场)周围环境的控制。对养殖场的选址、设计和建造必须认真进行,如土壤的特性与建造在该地的池塘水质直接有关,酸性土壤会使 pH 值降低,从而使析出的金属在水体中富集。如果池塘与农田或工矿区相连,杀虫剂或其他化学物质必然会进入池塘,引起对蟹体的化学污染。要做好这方面的控制,就要求产地(池塘)地理位置适宜,远离有毒有害场所及污染源。

第二,产地(养殖场)水质的监控。水源的选择和水质的处理都是养殖水质监控的重点。水源是健康养殖的关键前提。工业、农田及居住区的废水排放,都可能带来过量的重金属、农药、病毒、细菌等。为此,产地(水产养殖场)要远离工业、农田及居住区,避免水源受到污染。水体的水质应满足渔业用水标准,要水质清新,不能含有过的对人体有害的重金属及化学物质,池塘的底泥及周围土壤中的重金属含量指标不超标。日常管理中,应每天测定养殖水体的温度、pH 值、溶氧量、氨氮、硫化物等污染指标。通过对水质的分析和对底质污染指标的监测,从而测出污染物的组成、变化及迁移情况。以上监控都要建立纠偏和验证程序,并保存记录。国家颁布了《无公害食品 淡水养殖用水水质标准》,可作为检测、评价养殖水体是否符合无公害水产品养殖环境条件要求的依据。

第三,苗种安全的控制。育苗场在育苗过程中要禁用抗生素、孔雀石绿等药物,避免高温育苗和有亲缘关系的近亲繁殖。育苗场在育苗过程中对饲料、药物、水质处理都要有严格的控制,必须做好控制和纠偏的记录。在苗种的放养上,要求选择规格一致、无病害、无伤残的优良苗种。

第四,在饲养管理上的控制。投喂用料是否安全、防病用药是否适宜都是饲养管理中的重点环节。在投喂用料方面,国家颁布了《无公害食品 渔用配合饲料安全限量》,由于饲料的安全性直接影响养殖水产品的安全性,为此饲料生产企业必须把好原料采购、配方、加工操作等重要环节。不能用镇静类、激素类等被限用或禁用的药物作为添加剂。在包装上必须做到包装规范,要有具体的饲料型号。贮存饲料的场所要干燥、通风,做好防鼠、防虫工作,注意保质期。每个养殖场都应建立饲料投喂、渔药添加、饲料转换等记录保持程序,万一不小心使用了不合格的饲料,可采用转移蟹群或延长净化时间的方法来处理。在防病用药方面,国家颁布了《无公害食品 渔用药物使用准则》,根据此规定,重金属盐类、磺胺类、激素类、镇静剂类等药物中有许多种类属于限量使用或禁止使用。目前,市场上的渔药种类繁多,有许多是没标明药物成分和含量的,很容易造成药物的非法使用,养殖者在购买渔药时一定要选择有药物成分、含量及生产批号的药物。养殖者应避免选用高毒、高残留的渔药,多选用中草药或微生物制剂、水质改良剂等生态型高效低残留药物。在养殖场中要有专门的场所用来贮存药物,此场所要做到干燥、通风,不能受阳光直晒。对于用药的原因、种类、休药期、用药人等都应有完整的记录,贯彻“全面预防,防重于治”的方针。

在正确的养殖管理中应用 HACCP 必定能提高水产品的食用安全性,确保水产养殖产品无公害化、绿色化、环保化,使其能顺利进入国际市场,给养殖者带来更大的经济利益。

二、河蟹产品可追溯体系的建设

(一)可追溯体系建设的背景

　　食品安全问题已经引起社会各界的广泛关注,目前已成为继人口、资源与环境之外的全球性第四大危机。正因为如此,水产品的安全性越来越受到关注。为了保障水产品食用安全,及时了解水产品生产、流通及加工全过程的信息,建立水产品质量安全追溯制度,实现水产品质量安全的可追溯性,提升消费者对水产品食用的信任度,已经显示出日益重要的意义。完善的水产品质量安全可追溯体系,可向消费者提供正确的信息,改善生产者和消费者信息不对称的现象,给予消费者知情权。消费者根据自己掌握的食品安全知识和偏好自行决定购买与否。如果消费者对水产品卫生问题不放心,可以要求水产品供给者从电脑中调出档案,将该产品的来源、原产地以及流通过程呈现在消费者面前,从而减少食品供应商的欺诈行为,维持公正的市场经济秩序。有利于生产安全的水产品,有利于水产品质量安全的管理。河蟹是我国主要的出口水产品,建设河蟹产品质量安全可追溯体系有利于打破国外因食品质量安全追溯制而设置的贸易壁垒,提高出口河蟹在国际市场上的竞争力,更具有现实意义。河蟹质量的可追溯性,是指单个蟹农或特定的一群蟹农养殖的河蟹,可以从蟹农一直追踪到上市完成的成蟹,同时也可以从上市的成蟹反追回它的源头——蟹农。河蟹质量追踪,实际上是对河蟹身份的识别,是河蟹质量的根本保证,它是通过建立河蟹质量追踪体系来完成的。建立河蟹质量安全追溯体系的根本目的,在于明确河蟹产品的特定身份,确定任何河蟹产品质量问题的来源,一旦发现有质量问题的河蟹,可以追踪到原产地的乡村或者农户,以便采取有效措施加以纠正,保证该地区河蟹的继续生产,这对保证和稳定河蟹质量都具有现实意义。目前,国内的河蟹养殖业对河蟹养殖生产的诚信度及其来源要求越来越高。河蟹养殖销售企业要求河蟹产区在提供河蟹的同时,除河蟹的品质、价格因素外,还必须提供河蟹产地的生态环境情况、主要生产技术、防治河蟹病害使用的渔药品种和用量、河蟹中药物残留量及其使用的各种物质是否符合卫生条件等信息。为适应国际社会和国内河蟹养殖经营企业品牌战略的推行,许多河蟹经销商要求河蟹产区必须建立河蟹质量安全可追溯体系,提供河蟹生产、收购全过程的相关信息,以便实施河蟹质量追踪,从根本上保证河蟹的产品质量。

(二)可追溯体系建设的总体设计

生产履历中心是产品可追溯体系的基础和核心。生产履历制度包括生产单位(养殖、捕捞、产地等)信息、生产资料来源信息、生产管理信息、监测信息、产品信息等。

生产单位信息包括养殖场名称、养殖场地点、养殖时间、养殖规模及捕捞、产地环境等。生产资料来源信息包括苗种来源、饲料供应、活饵供应、渔药供应等。监测信息包括检测对象、检测方法、检测项目、检测单位、检测结果、检测周期和时间、检测标准、检测设备和联系电话等。生产管理信息包括添加剂使用情况、疾病与治疗情况、捕捞、水质状况等。产品信息主要包括产品药残的检测,如呋喃唑酮等呋喃类药物及其代谢物、氯霉素等抗生素、孔雀石绿等染料、磺胺甲基嘧啶等磺胺类药物、铅等有毒重金属、恩诺沙星等喹诺酮类抗菌药物等。该制度完成了对上市河蟹生产档案信息的统一记录存储,构成可追溯管理的基础数据库。管理部门和消费者通过履历中心,可以查阅与产品有关的生产、加工、销售、检测等各类信息,实现对河蟹生产全链条的追溯。

通过附着在蟹体标识牌(如步足指环)上的追溯码可以查询到

水产品详细的生产履历。追溯码可以实现数字化加密,实现一个包装条码标签对应唯一的一个产品追溯码。该种数据编码技术有相当的可控性,可以按量发放、注册生效、到期失效。同时,该种编码技术有很强的防伪制性,数据编码进行加密处理,批量无法仿制。追溯码生成后,通过专用的条码标签打印机打印,可随时产码,随时使用。

信息查询平台是以生产履历中心数据库为基础开发完成的,消费者可以通过互联网、互联网触摸屏(部分超市出口设置)、电话等多种方式进行查询。平台的后台软件系统设计了查询管理数据库,详细记录系统的查询信息。通过查询平台,可以进行产品的养殖场信息、生产资料来源信息、生产管理信息、交易信息等相关信息的查询,实现前期生产与最终消费之间的信息追溯。

河蟹产品可追溯体系示意见图 13-1。

(三)建立河蟹产品可追溯体系的步骤

1. 利用产品信息编码进行过程标识　对于流程型企业,通常的做法是通过产品编码,用工艺卡、检验单等(书面的或者电子的)记录产品及各过程信息。河蟹生产涉及养殖水域、苗种、饲料、渔药等,养殖模式复杂,要针对养殖经营企业的生产过程,结合生产实际,运用过程信息编码和产品信息编码相结合的方法,以完整、动态的标识产品形成养殖过程各环节的信息,从而满足养殖经营企业实现产品质量可追溯性的需要。

2. 建立河蟹质量追踪　质量追踪就像一条输送带,把河蟹养殖生产的所有环节连接到一起,把河蟹生产、收购、贮存过程的信息一项不漏地收集和保存起来,可及时发现河蟹质量在哪一个环节出现问题。

3. 确定需要追溯的产品质量信息　可追溯性要求标识涉及的产品或服务交付过程中,一组有序的特定人员所执行的连续服

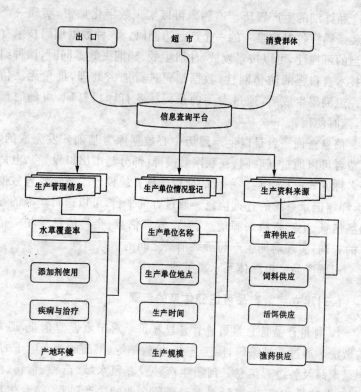

图 13-1　河蟹产品可追溯体系示意

务职能都是可追溯的。而且,在合同要求的情况下还应当包括所要求的质量记录范围。产品质量信息涵盖了每件产品或者每批产品在原料接收、产品生产和成品交付使用过程中的各种直接和间接信息,可分为技术信息和管理信息两大类。

4. 对蟹农实行统一编码,建立蟹农数据库　以行政村或合作社、养殖小区等为单位,对所有养殖户依次进行统一编码,其目的是明确蟹农身份,分别建立蟹农的户籍数据库,掌握蟹农的基本情况,包括适宜养殖水域面积、养殖河蟹的历史、劳动力情况、生产技术水平、历年交售河蟹的等级和质量状况等。以便根据这些情况对蟹农进行分类指导和技术培训,实现个性化服务和动态管理。

5. 建立蟹农质量管理小组,锁定质量追踪目标　在对蟹农实行统一编码的基础上,根据各户实际情况,把每 20～30 户蟹农编成一个质量管理小组,并对其进行统一编码,这个编码就是蟹农管理小组的身份。通过质量管理小组,把蟹农组织起来。蟹农在质量管理小组内,可以互相学习、交流河蟹养殖生产经验,相互监督技术措施的落实,互相监督河蟹分级和交售的河蟹质量,达到互帮互助,搞好河蟹生产、交售工作的目的。

蟹农质量管理小组编定后,不得随意变动,以便锁定固定的河蟹质量追踪目标,这是建立河蟹质量追踪体系的基础和保证,否则质量追踪就无法进行。

6. 构建产品及过程信息编码体系　信息编码作为产品或过程的唯一标识,其产生和消亡的过程应直接反映养殖企业产品的设计、生产、销售及客户反馈的全过程。信息编码能够帮助管理人员迅速定位和提取相关的质量信息,实现产品质量的可追溯性。根据流程型生产和质量可追溯性的特点,河蟹在养殖生产流程的不同阶段使用不同的信息编码,覆盖整个生产流程,具有完整性。收购原材料编号和检验顺序号,保证了原材料从进货到验收合格入库期间的唯一性,同时又是生产最终产品的依据。生产批号使用顺序号唯一标识同一工艺流程、同一批原料,并规定不同的编号范围来区分各道工序,由生产批号加成品检验号共同标识成品。编码中全部使用年、月、日数字以保证产品质量在未来 1～4 个月内的可追溯性。编码的组成根据实际情况而定,含必需的标识因素,在注重简洁的同时保留足够的位数。

7. 建立蟹农小组数据库,实行河蟹渔技人员专职化　以蟹农质量管理小组为基本单位,建立蟹农基础数据库,对养殖河蟹的水域、使用的投入品(苗种、饲料、天然饵料、药物、微生物制剂)以及河蟹养殖生产全过程实行有效监控,作为分析查找质量问题的重要依据。而要做到这一点,则必须固定河蟹渔技人员,对分管蟹农实行专职化管理。同时,对河蟹渔技人员的收益和奖惩与分管蟹农小组的养殖效益挂钩,以此增强河蟹渔技人员的责任心,调动其工作积极性。

8. 确定产品质量可追溯性的实现方案 准确、完整而有效地录入和保存产品质量信息是实现产品质量可追溯性的前提,科学合理的产品及过程信息编码是实现产品质量可追溯性的关键。产品及过程信息编码体系应保证数据的一致性、完整性和安全性。从养殖企业管理着手,建立可操作性强的质量信息控制程序,通过科学的产品及过程信息编码来保证数据的一致性,实现从原材料信息查询最终产品信息,从最终产品信息追溯到原材料信息,保证信息双向查询准确、畅通。设置适当的约束条件,严格按照实际生产流程的顺序输入信息。对数据进行分析统计,评定偏差出现的原因并及时进行修正。产品及过程信息编码在制定生产计划时已经初步形成,从原材料开始即与产品在养殖生产线上同步流动,并不断补充新的信息,最终在产品成型后形成完整的编码。生产流程中技术、管理信息一旦形成,即以编码为主输入数据库,依据编码进行追溯。依据产品及有关过程信息编码搜索相应数据库中保存的记录,即可快速、准确地定位所需查找的质量信息,实现产品质量信息的可追溯性。

参考文献

[1] 马达文．稻田养鱼新技术专题讲座[J]．渔业致富指南,1998(22):40-42.

[2] 王武,成永旭,李应森．河蟹的生物学[J]．水产科技情报,2007, 34 (1):25-28.

[3] 王笃彩．池塘养殖河蟹的病因及对策[J]．内陆水产,2001(8):37-38.

[4] 王殿坤．特种水产养殖(第二版)[M]．北京:高等教育出版社,1997.

[5] 白花放,郭龙文,黄欣．北方地区河蟹土池育苗关键技术[J]．河北渔业,2005(1):29-30.

[6] 田晓萍,赵希纯,张慧延．黄颡鱼与河蟹稻田混养模式[J]．科学养鱼,2004(8):21.

[7] 刘艺,汪彩霞．河蟹养殖专用水草新种及栽培技术[J]．科学养鱼,2001(2):48.

[8] 孙文祥．高邮湖河蟹套养花白鲢养殖模式的效果[J]．内陆水产,2005,30(7):13-14.

[9] 许立成．鱼蟹稻田的施药技术[J]．渔业致富指南,2001(8):38.

[10] 李正柱,宫一震．河蟹常见病害及防治方法[J]．齐鲁渔业,2007,24(7):33-34.

[11] 成永旭,王武,李应森．河蟹的人工繁殖和育苗技术[J]．水产科技情报,2007,34(2):73-75.

[12] 农业部工人技术培训教材编审委员会．海水鱼虾蟹贝人工育苗[M]．北京:中国农业出版社,1995．

[13]　李红敏,孟凡峰,王鸿春．大水面河蟹综合养殖技术[J]．齐鲁渔业,2007,24(10):38-39.

[14]　许步劭,何林岗．河蟹土池育苗新技术[J]．科学养鱼,2001(2):11-12.

[15]　孙易,刘凤歧,孙广明．卤虫的营养强化及其在水产养殖上的应用[J]．内陆水产,1999(4):4-6.

[16]　刘金明,陈东亮．河蟹养殖常见疾病及防治方法[J]．中国水产,2001(2):38.

[17]　刘松海,胡宪中．白荡湖河蟹增养殖技术初探[J]．内陆水产,2002,27(7):6.

[18]　李绍奇．池塘河蟹(成蟹)健康养殖技术要点[J]．渔业致富指南,2003(6):56-57.

[19]　李洪进,涂桂萍,毛国庆．池塘河蟹、鳜鱼生态养殖技术[J]．中国水产,2008(9):83-84.

[20]　江金潮,姜琴．稻田河蟹与自繁克氏螯虾混养技术[J]．养殖与饲料,2007(9):28-29.

[21]　朱清顺．过水性湖泊大面积网围养蟹技术研究[M]．北京:中国农业出版社,2000.

[22]　孙露,章秋虎．池塘河蟹健康生态高效养成技术[J]．内陆水产,2008,33(10):84.

[23]　邢华．河蟹养殖常见疾病的预防及治疗[J]．中国水产,2003(6):85-86.

[24]　张列士,李军．河蟹增养殖技术[M]．北京:金盾出版社,2002.

[25]　张欣,刘革利．河蟹幼体常见病害的防治[J]．水产科学,2001,20(4):16.

[26]　张厚冰．稻田河蟹与龙虾混养技术[J]．科学种养,2008(6):40.

[27] 赵乃刚．河蟹的人工繁殖与增养殖[M]．合肥：安徽科学技术出版社,1998.

[28] 陈万光,郭黛健,蔡冰．紫背浮萍池塘栽培技术[J]．科学养鱼,2006(10):67-68.

[29] 邵庆均,张金枝．虾蟹饲料配制与加工的几个关键问题．饲料工业,2000,21(9):19-21.

[30] 杨秀明,王立军,宫会顶,等．池塘大规格河蟹养殖技术[J]．黑龙江水产,2008(4):11-12.

[31] 林秀春．卤虫在水产养殖上的利用及开发前景[J]．水产科技情报,2000,27(3):121-123.

[32] 周建立,王桂民,周玉庆．转变渔业增长方式推进河蟹高效规模化进程[J]．科学养鱼,2007(8):42-43.

[33] 陈星,王刚．河蟹养殖夏季常见疾病及防治技术要点[J]．内陆水产,2008(7):26-27.

[34] 陈胜华,赵贤．河蟹工厂化育苗[J]．河北渔业,2006(7):44-45.

[35] 周晓东．建立河蟹质量追溯体系初探[J]．水产养殖,2009,30(2):10-11.

[36] 杨培银,索维国．宝应湖网围高产高效养蟹示范总结[J]．渔业致富指南,2000(8):33-34.

[37] 陈谭．蟹池内适宜种植水花生[J]．渔业致富指南,2001,4:25.

[38] 郑忠明,李晓东,陆开宏,等．河蟹健康养殖实用新技术[M]．北京：海洋出版社,2008.

[39] 姜琴．稻田培育蟹种高效种养模式[J]．养殖与饲料,2007(10):31-32.

[40] 柳富荣．菱角和鱼种养结合[J]．湖南农业,2002(8):16.

［41］　施德龙．关于对 2006 年长江口蟹苗汛的预测及对长江口蟹苗的捕捞、运输、放养方法介绍［J］．渔业致富指南，2006(8):10-11.

［42］　徐在宽，徐明．怎样办好河蟹家庭养殖场［M］．北京：北京科学技术文献出版社，2008.

［43］　黄炳山，李培玉，曹体宏，等．积极推进健康养殖应对世界技术壁垒［J］．齐鲁渔业，2006,23(8):46-48.

［44］　梁毅峰，安树升．关于降低河蟹育苗生产成本的探讨［J］．水利渔业，1997(2):42-43.

［45］　彭友岐，吴国均．河蟹无公害工厂化生态育苗技术［J］．水产养殖，2009(1):18-19.

［46］　鲁德勇．稻田培育一龄蟹种技术［J］．渔业致富指南，2003(10):38.

［47］　雍正宝，李洪进．稻田虾、蟹微孔增氧高效养殖技术初探［J］．渔业致富指南，2009(2):66-67.

［48］　詹松文．无公害河蟹、青虾稻田混养技术［J］．内陆水产，2005,30(4):20-21.

［49］　樊宝洪，罗飞，王永明．江苏河蟹产业发展战略研究［J］．中国渔业经济，2005(6):56-59.

［50］　魏国重，石铁钢．河蟹工厂化育苗高产高效技术［J］．中国水产，2006(9):53-54.

金盾版图书,科学实用,
通俗易懂,物美价廉,欢迎选购

水产活饵料培育新技术	12.00 元	黄姑鱼养殖技术	10.00 元
无公害水产品高效生产		鲽鳎鱼类养殖技术	9.50 元
技术	8.50 元	海马养殖技术	6.00 元
淡水养鱼高产新技术		鲶形目良种鱼养殖技术	7.00 元
(第二次修订版)	26.00 元	鱼病防治技术(第二次	
淡水养殖 500 问	23.00 元	修订版)	13.00 元
淡水鱼繁殖工培训教材	9.00 元	黄鳝高效益养殖技术	
淡水鱼苗种培育工培训		(修订版)	7.00 元
教材	9.00 元	黄鳝实用养殖技术	7.50 元
淡水鱼健康高效养殖	13.00 元	农家养黄鳝 100 问(第二	
池塘鱼虾高产养殖技术	8.00 元	版)	7.00 元
池塘养鱼新技术	16.00 元	泥鳅养殖技术(修订版)	5.00 元
池塘养鱼实用技术	9.00 元	长薄泥鳅实用养殖技	
鱼病常用药物合理使用	8.00 元	术	6.00 元
池塘养鱼与鱼病防治(修		农家高效养泥鳅(修	
订版)	9.00 元	订版)	9.00 元
池塘成鱼养殖工培训		泥鳅养殖技术问答	7.00 元
教材	9.00 元	鲈鱼养殖技术	4.00 元
盐碱地区养鱼技术	16.00 元	虹鳟鱼养殖实用技术	4.50 元
流水养鱼技术	5.00 元	黄颡鱼实用养殖技术	5.50 元
稻田养鱼虾蟹蛙贝技术	8.50 元	乌鳢实用养殖技术	5.50 元
图说稻田养小龙虾关		长吻鮠实用养殖技术	4.50 元
键技术	10.00 元	团头鲂实用养殖技术	7.00 元
海水养殖鱼类疾病防治	15.00 元	翘嘴红鲌实用养殖技术	8.00 元
海蜇增殖技术	6.50 元	良种鲫鱼养殖技术	10.00 元
海参海胆增养殖技术	10.00 元	异育银鲫实用养殖技术	6.00 元
大黄鱼养殖技术	8.50 元	塘虱鱼养殖技术	8.00 元
牙鲆养殖技术	9.00 元	河豚养殖与利用	8.00 元

河蟹养殖实用技术	4.00 元	林蛙养殖技术	3.50 元
河蟹科学养殖技术	9.00 元	科学养蛙技术问答	4.50 元
河蟹增养殖技术	12.50 元	蚯蚓养殖技术	6.00 元
养龟技术(第 2 版)	15.00 元	养蛇技术	5.00 元
养龟技术问答	6.00 元	人工养蝎技术	6.00 元
节约型养鳖新技术	6.50 元	蜈蚣养殖技术	5.00 元
观赏龟养殖与鉴赏	9.00 元	药用地鳖虫养殖(修订版)	6.00 元
牡蛎养殖技术	6.50 元	黄粉虫养殖与利用(修订	
淡水虾实用养殖技术	5.50 元	版)	6.50 元
海淡水池塘综合养殖技		药用动物原色图谱及	
术	5.50 元	养殖技术	53.00 元
小龙虾养殖技术	8.00 元	农民进城务工指导教材	8.00 元
金鱼锦鲤热带鱼(第二		新农村经纪人培训教材	8.00 元
版)	11.00 元	农村经济核算员培训教	
金鱼(修订版)	10.00 元	材	9.00 元
金鱼养殖技术问答(第		农村规划员培训教材	8.00 元
2 版)	9.00 元	农村电脑操作员培训教	
中国金鱼(修订版)	20.00 元	材	8.00 元
中国金鱼的养殖与鉴赏	11.00 元	农村企业营销员培训教	
热带鱼	3.50 元	材	9.00 元
热带鱼养殖与观赏	10.00 元	农资农家店营销员培训	
热带观赏鱼养殖与鉴赏	46.00 元	教材	8.00 元
观赏鱼养殖 500 问	24.00 元	城郊农村如何搞好人民	
龙鱼养殖与鉴赏	9.00 元	调解	7.50 元
观赏水草与水草造景	38.00 元	农村实用信息检索与利	
七彩神仙鱼养殖与鉴赏	9.50 元	用	13.00 元
锦鲤养殖与鉴赏	12.00 元	城郊村干部如何当好新	
牛蛙养殖技术(修订版)	7.00 元	农村建设带头人	8.00 元

　　以上图书由全国各地新华书店经销。凡向本社邮购图书或音像制品,可通过邮局汇款,在汇单"附言"栏填写所购书目,邮购图书均可享受 9 折优惠。购书 30 元(按打折后实款计算)以上的免收邮挂费,购书不足 30 元的按邮局资费标准收取 3 元挂号费,邮寄费由我社承担。邮购地址:北京市丰台区晓月中路 29 号,邮政编码:100072,联系人:金友,电话:(010) 83210681、83210682、83219215、83219217(传真)。